KB148234

부와 행운을 끌어당기는

방정리 기술

부와 행운을 끌어당기는
방정리 기술
평단

당신의 방은 당신 그 자체이다.
방을 보면 당신의 미래가 보인다.

추천의 글

출판사로부터 일본의 청소 전문가 마스다 미츠히로 씨의 책에 대한 추천의 글을 써 달라는 부탁을 받고 좀 의아하다고 생각했다. 풍수지리 전문가인 필자와 청소가 어떤 관계가 있어서 부탁을 한 것인지 궁금했던 것이다. 호기심에서 원고를 읽어보고 나니 그 이유를 알 수 있었다. 이 책에는 풍수인테리어의 핵심이 담겨 있기 때문이다.

풍수는 기를 이용해 가정의 편안과 행복을 추구하는 학문이다. 그런데 기는 주변 환경의 영향을 많이 받는다. 주변 산세에 따라 땅의 기운이 달라지듯이 양택풍수도 집 주변과 집 안의 정리정돈 상태에 따라 기운이 달라진다. 집 안이 밝고 깨끗해야 복이 들어온다는 것은 풍수의 상식이다. 그런데 이 책은 그보다 한발 앞서 거주자의 미래까지 예측할 수 있다는 논리를 펴고 있다.

이 책을 읽으면서 법원 집행관인 지인의 이야기가 떠올랐다. 매각 물건을 강제집행하기 위해 현장에 가보면 채무자가 재기할 사람인지 아닌지를 알 수 있다는 것이다. 집이나 사무실, 공장 등 정리정돈이 잘되어 있는 곳은 채무자가 다시 재기해 성공한 사람이 많지만, 물건이 너저분하게 흩어져 있는 곳은 채무자가 재기하지 못하는 경우가 많다고 한다. 이것이 바로 정리정돈과 청소의 힘이라 할 수 있다.

저자 마스다 미츠히로 씨는 21년 동안 청소사업에 종사하며 수많은 사람의 방을 보아왔다. 그 일을 통해 저자는 방에는 거주자의 마음이 반영되어 있다는 사실을 깨달았다. 그리고 그 공간에는 힘이 있어서 같은 에너지를 끌어당긴다는 공식을 발견했다. 마음에 짜증, 초조, 질투, 불평불만이 가득한 부정적인 사람의 방은 너저분하고 더러우며 먼지로 가득한 것이 특징이다. 이런 공간은 마이너스 자장이 퍼져 나쁜 영향력을 행사하게 된다. 반면, 마음에 자애, 감사, 행복감이 가득한 긍정적인 사람의 방은 깨끗하고 정리정돈이 잘된 것이 특징이다. 이런 공간은 플러스 자장이 퍼져 계속해서 좋은 일만 생기게 한다는 것이다.

범죄심리학 이론 중에 '깨진 유리창의 법칙' 이 있다. 가게 쇼윈

도의 깨진 유리창을 그대로 방치해 두면 지나가는 행인들이 돌을 던져 다른 유리창까지 모두 깨버린다는 이론이다. 실제로 후미진 골목에 방치된 자동차는 어느 정도 시간이 지나면 형편없이 망가지게 되는 것을 볼 수 있다. 이런 현상은 마이너스 자장이 퍼져 나쁜 영향력을 행사했기 때문으로 보인다.

마스다 미츠히로 씨의 공간 에너지 법칙은 도시에도 적용된다. 1980년대 미국 뉴욕 시의 길거리는 온통 낙서투성이였고, 지하철은 위험할 정도로 더러워서 범죄가 끊이지 않았다. 시와 경찰이 사람들이 낙서하는 것을 보면서도 방치했기 때문이다. 이로 인해 중산층은 교외로 빠져나가고 빈민들만 남아 도시경쟁력이 최악이 되었다. 나쁜 마이너스 자장이 도시 전체에 영향력을 끼쳤기 때문이다.

그런데 1995년 뉴욕 시장으로 취임한 루디 줄리아니(Rudy Giuliani)는 강력한 의지를 갖고 뉴욕 시 정화작업을 실시했다. 시에서는 거리와 지하철 내부를 깨끗하게 청소하고, 주요 거리마다 CCTV를 설치해 낙서한 사람들을 끝까지 추적했다. 거리가 깨끗해지자 떠났던 중산층이 돌아오면서 뉴욕은 다시 살기 좋은 도시가 되었다. 이는 플러스 자장이 도시 전체로 퍼져 발전한 사례인 것이다.

이처럼 개인이든, 마을이든, 도시든 청소를 통해 운을 호전시킬 수 있는 것은 분명하다. 저자는 청소에도 레벨이 있다고 말하며 이를 다섯 가지로 구분했다. 플러스 공간 중에서도 최상급인 '천사 공간', 두 번째 '성공 공간', 보통인 '안심 공간', 마이너스 공간인 '실패 직전의 공간', 최악의 마이너스 공간인 '최대 위험 공간'이다. 《성공을 부르는 방 정리의 힘》을 읽어보면 이 다섯 단계의 공간에 대해 이해할 수 있고, 그 공간이 끌어들이는 마이너스와 플러스의 힘이 얼마나 크게 작용하는지를 분명하게 알 수 있을 것이다. 이 책을 통해 여러분의 방을 스스로 진단해봄으로써 여러분의 인생을 스스로 새롭게 창조해 나가기를 바라며 일독을 권한다.

인하대학교 정책대학원 풍수지리전공 교수
도시계획학 박사 정경연

감동 · 감사

사람과의 인연

좋은 아이디어

이처럼
깨끗한 방은
수많은 행운을
끌어들인다.

행복 · 행운

일시적 수입

범죄
불행
반대로……
방이 쓰레기와
오염물로 넘친다면?
사고
빚

당신의 방은 어떠한가?
어떤 미래가 당신을 기다리고 있을까?

당신의 미래를 알 수 있는
'방의 레벨 체크 리스트'

다음의 체크 리스트는 방 상태로
방주인의 미래를 예측하는 '방의 레벨 체크 리스트'이다.
당신의 방을 다음의 체크 리스트로 진단해보자.
다음의 질문 Q1~Q5를 읽고 자신에게 해당하는 답을
각각 하나씩 골라서 체크하라.

Q1 밖에 있다가 방으로 돌아오면 어떤 느낌이 드는가?

- ☐ 마음이 편안하다.
  (어지럽혀도 괜찮다는 안심감이 드는 분위기) 【C】
- ☐ 무언가를 하려고 했다가도 집에만 돌아오면 의욕이 사라진다. 【D】
- ☐ 전체적으로 깔끔하다. 방에 들어서면 시야가 시원하고 의욕이 솟는다. 【B】
- ☐ 장시간 방에 있으면 어떤 신체적 증상이 나타난다.
  구역질, 현기증, 저림, 두통 등등. 【E】
- ☐ 감사하는 마음과 감동이 저절로 느껴지고 풍요로운 기분이 든다. 【A】

Q2 방의 청소 상태는 어떠한가?

- ☐ 먼지가 쌓이지 않은 곳이 없다.
  오염물도 묻은 지가 오래되어 쉽게 지워질 것 같지 않다. 【E】
- ☐ 청소는 습관적으로 하고 있지만 잘 보면 틈바구니에 먼지가 쌓여 있다. 【C】
- ☐ 눈에 잘 띄는 곳에 먼지와 쓰레기가 있으며, 몇 달째 그 상태로 유지되고 있다. 【D】
- ☐ 보이지 않는 곳까지 깨끗하다(공기도 깨끗하다). 【A】
- ☐ 눈에 보이는 곳에 한하여 구석구석 깨끗하게 청소했다. 【B】

Q3 물건의 방치 상태는 어떠한가?

- ☐ 수리해야 하는 물건과 버릴 물건이 방 안이나 창고,
  베란다에 방치되어 있다. 【D】
- ☐ 수리를 하거나 버려야겠다고 생각한 지 1년이 지난 물건이 3개 이상 있다. 【C】
- ☐ 방 안에 망가진 물건과 쓰레기로 가득하다. 【E】
- ☐ 내게 필요 없는 물건은 방에 없다. 【B】
- ☐ 나뿐만 아니라 방문객을 위해서도 쓰지 않는 물건은 방치해 두지 않는다. 【A】

Q4 가구 및 패브릭이 자아내는 분위기에 통일감이 있는가?

- ☐ 손님을 의식하며 방의 콘셉트를 통일해 두었다. 【A】
- ☐ 콘셉트 및 컬러에 통일감이 전혀 없다. 【D】
- ☐ 콘셉트 및 컬러를 통일하지는 않았지만 전체적으로 조화롭다. 【C】
- ☐ 방에 쓰레기와 잡동사니가 쌓여서 가구가 보이지도 않으며,
  전체적으로 난잡하고 통일감이 없다. 【E】
- ☐ 콘셉트와 컬러를 자신의 취향에 맞추어 통일해 두었다. 【B】

Q5 식기 선반, 옷장, 책장 등의 수납 상태는 어떠한가?

- [ ] 여유롭게 수납되어 있다. 【B】
- [ ] 수납공간이 부족해 일부는 다른 곳에 쌓아 두었다. 【C】
- [ ] 수납공간에서 흘러넘친 물건이 발 디딜 곳이 없을 정도로 바닥에 깔려 있다. 【D】
- [ ] 방에 다 수납하지 못한 물건과 쓰레기가 베란다와 마당에서도 넘치고 있다. 【E】
- [ ] 물건이 어디에 수납되어 있는지 모두 파악하고 있으며 모든 물건에 애정을 쏟고 있다. 【A】

체크한 항목 중에 A~E는 각각 몇 개인가?

- A = (　　　) 개
- B = (　　　) 개
- C = (　　　) 개
- D = (　　　) 개
- E = (　　　) 개

A가 가장 많이 나온 당신

당신의 방 레벨은 **천사 공간**이다.

당신의 미래에는 수많은 사람에게 행복한 기적을 선사하는 인생이 기다리고 있다.

★자세한 내용은 104페이지로.

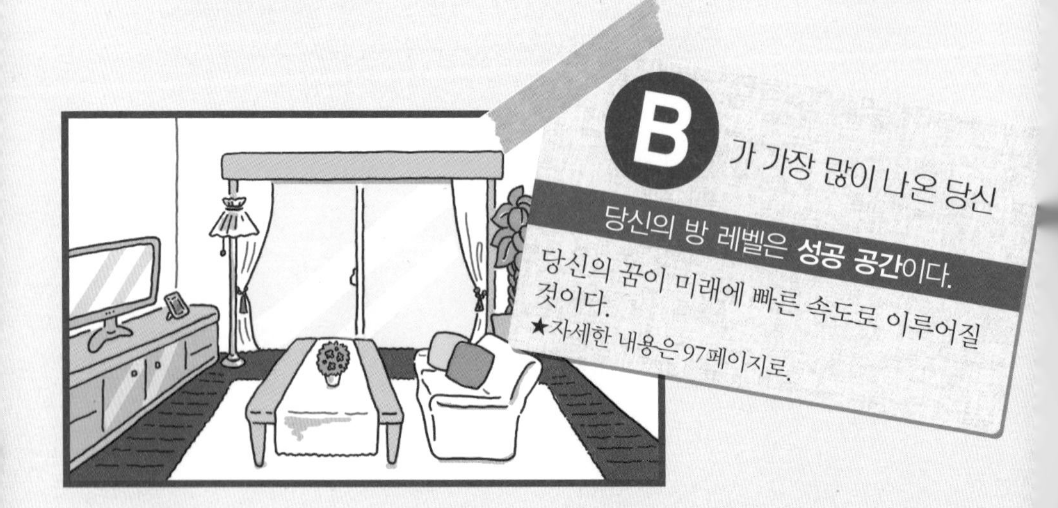

B가 가장 많이 나온 당신

당신의 방 레벨은 **성공 공간**이다.

당신의 꿈이 미래에 빠른 속도로 이루어질 것이다.

★자세한 내용은 97페이지로.

C 가 가장 많이 나온 당신

당신의 방 레벨은 **안심 공간**이다.

당신의 미래는 좋게도 나쁘게도 바뀌지 않고
현상 유지될 것이다.

★자세한 내용은 78페이지로.

D 가 가장 많이 나온 당신

당신의 방 레벨은 **실패 직전의 공간**이다.

당신의 미래에는 마이너스로(부정적인)의
큰 변화가 기다리고 있다.

★자세한 내용은 84페이지로.

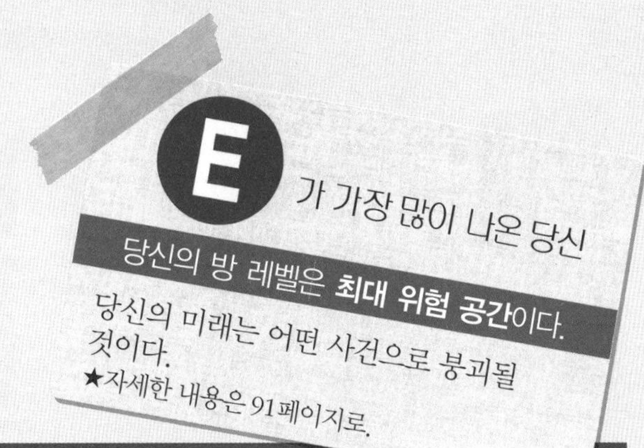
E
가 가장 많이 나온 당신
당신의 방 레벨은 최대 위험 공간이다.
당신의 미래는 어떤 사건으로 붕괴될 것이다.
★자세한 내용은 91페이지로.

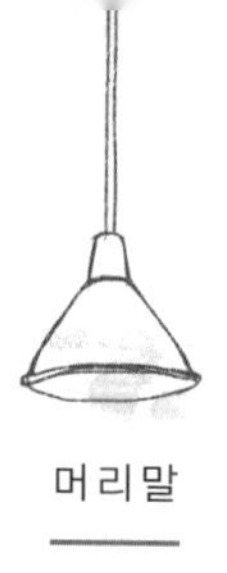

머리말

적중률 90%의 미래 감정법

이 책은 당신의 미래를 알기 위한 책이다. 미래를 알면 어떻게 될까? 좋은 일이 일어난다면 자신 있게 앞으로 나아갈 수 있을 것이고, 나쁜 일이 일어난다면 예방할 수 있을 것이다.

이 책에는 누구든지 자신의 미래를 알 수 있는 완전히 새로운 방법이 있다. 방법만 알면 나이, 성별, 국적에 상관없이 누구든지 앞으로 일어날 일을 예측할 수 있다. 또 개인뿐만 아니라 기업, 학교, 시, 군, 구의 미래도 응용하여 예측할 수 있다. 매우 간단하지만 미래 예측 적중률은 90% 이상이다.

도대체 그 방법은 어떤 것일까? 그 방법은 바로 '방'을 보는 것이다. 방? 그렇다. 방이다. 당신의 방에는 당신의 미래가 숨어 있다. 나는 21년 동안 청소사업에 종사하며 수많은 사람의 방을 봐왔고, 깨달은 것이 있다. 그것은 완벽하게 똑같은 방은 하나도 없다는 것이다. 사람의 숫자만큼 방도 다양했다.

방에는 그 방에 사는 사람의 특징이 나타난다. 나는 이를 통해 '방에는 방주인의 마음이 드러난다'는 것과 '방주인의 마음이 드러난 공간은 그와 똑같은 에너지를 끌어들인다'는 법칙을 발견하였다. 그 이후 나는 이 법칙을 바탕으로 청소로 운세를 호전시키는 실천적 방법인 '청소력'을 설파하고 있다.

'청소력' 시리즈는 지금까지 책으로만 총 300만부가 발행되었다. 덕분에 많은 기업과 학교에 도입되었으며, 최근에는 중국에서도 베스트셀러에 오르면서 널리 전파되고 있다. 또 전 세계 독자에게 청소력을 실천하여 인생이 호전되었다는 소식을 수없이 많이 받고 있다.

이 책에서는 청소력을 보다 발전시킨 '방을 통한 미래 감정법'을 최초로 공개하였다. 어떠한가? 흥미가 생기지 않는가? 이 책은 절대 단순한 점술서가 아니다. 책을 다 읽고 덮을 때 미래를 창조하는 힘이 바로 당신에게 있을 것이다. 그리고 '당신의 미래는 당신이 스스로 바꿀 수 있다'는 것을 실감하게 될 것이다.

마스다 미츠히로

| 차 례 |

CHAPTER

1

어떻게 방을 보고 미래를 알 수 있는 걸까?

CHAPTER

2

미래를 읽는 다섯 가지 공간

CHAPTER

3

일, 돈, 인간관계······ 당신은 성공할 수 있을까?

CHAPTER

4

건강, 부부, 자녀……
당신 인생의 기반은 앞으로 어떻게 될까?

CHAPTER

5

스스로 미래를 바꾸는 청소력

CHAPTER
1

어떻게 방을 보고 미래를 알 수 있는 걸까?

당신의 방은 당신의 미래를 보여준다!

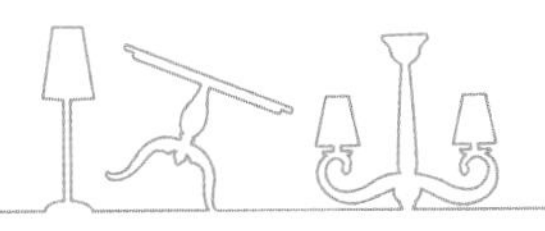

방을 보면 미래가 보인다

: 최초로 공개하는 미래 감정법 :

01

나는 앞으로 미래에 무슨 일이 일어날지를 안다. 나의 미래는 물론 타인의 미래도 예측할 수 있다. 또 회사와 학교를 넘어서 시 · 군 · 구를 비롯한 단체와 조직의 미래도 알 수 있다. 그리고 이 미래 예측 적중률이 90% 이상이어서 많은 사람이 놀라워한다. 그러나 사실 방법만 알면 누구나 쉽게 미래를 알 수 있다. 물론, 당신도 그 방법으로 당신의 미래와 타인의 미래를 알 수 있다.

그 방법은 바로 '방을 보는 것'이다. 방을 보면 그 방에 사는 사람의 미래를 알 수 있다. 단독주택은 외관을 보는 것만으로도 그

집에 어떤 타입의 사람이 살며, 그 사람에게 앞으로 어떤 미래가 기다리고 있을지를 알 수 있다. 방까지 체크하면 사업, 금전, 건강, 인간관계, 부부의 미래, 자녀의 진로 등과 관련된 미래까지 분야별로 예측할 수 있다.

— 얼마 전에 한 여사장으로부터 회사를 더 발전시키고 싶다는 의뢰를 받았다. 회사를 보기 전에 집을 먼저 봐달라고 부탁하여 자택을 방문하였다. "당신의 회사는 가까운 시일 안에 2~10배의 매출을 올리게 될 것입니다." 나는 그렇게 예측하였다. 그 뒤 약 10일 정도 지나서 전화가 걸려왔고, 그녀는 매출이 10배 이상 늘었다고 하였다. 자신이 예상하지도 못했던 곳과 큰 거래를 계약하게 되었다는 것이다.

— 또 지인에게 "아는 분의 집에 문제가 있는 것 같은데, 좀 봐주지 않을래?"라는 부탁을 받았다. "이대로 가면 최악으로 이혼까지 할 수도 있을 것 같습니다. 그리고 특히 자녀분이 다치거나 아플 수도 있으니 꼭 주의를 기울이셔야 할 것 같네요." 방을 살펴보고 나서 집주인에게 솔직하게 말해주었다. 물론 해결책도 알려주었지만 바로 실행하지 않았는지 나흘 후에 울면서 전화를 걸어왔다.

"남편이 폭력사건을 일으켜서 유치장에 들어갔어요. 이제는 이혼할 수밖에 없겠어요. 이 일로 회사도 다 끝이에요." 이야기를 자세히 들어보니, 경상에 그치기는 하였으나 아이도 자동차와 접촉사고가 있었다고 하였다.

— 한번은 싱글인 여자분이 애인이 생길지 어떨지를 알고 싶다고 하여 그녀의 방을 본 적이 있다. "안타깝지만 이대로는 힘들 것 같습니다"라고 말해주었다. 그녀는 직장에서 하는 일에 성과가 있을 것이고, 승진 가능성도 있는 것으로 예측되었다. 결론을 말하면, 그녀는 예측대로 일에서는 계속 성공을 거두고 있지만 남자친구는 여전히 없었다.

"어떻게 하면 마스다 씨 같은 영능력자가 될 수 있나요?" 적중률에 놀란 직원들과 의뢰인들에게 종종 듣는 말이다. 물론 내게는 그 어떤 영능력도 없고 점술 지식도 없다. 그럼 어떻게 미래를 아는 것인가. 바로 내가 제창하고 있는 '청소력'이 그 열쇠이다.

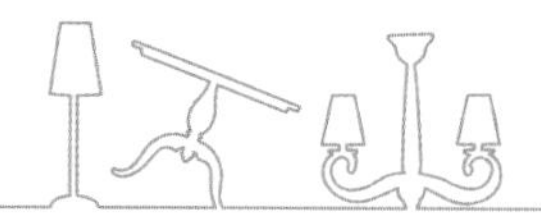

21년 동안 수많은 방을 보고 알게 된 법칙

02

청소력이란 청소 실천에 마음의 법칙을 도입한 운명호전(運命好轉)을 위한 실천적 방법이다. 청소와 마음의 관계는 내가 21년 동안 수많은 방을 살펴본 경험으로 발견한 것이다. 나는 지금까지 여러 가지 일을 했는데 모두 집을 방문하는 일이었다.

학습지 가정교사를 했을 때는 집을 방문하여 학생들을 상담하는 업무를 담당하였다. 어머니들의 반응이 좋다는 이유로 회사에서는 나에게 정기적으로 가정을 순회하게 하였다. 그리고 가장 오래 종사했던 일은 청소력을 고안하는 계기가 되었던 일로 청소

사업이다. 특히 하우스클리닝을 하며 다양한 방에 들어갈 수 있었다.

많을 때는 하루에 세 집을 방문하였다. 노인분이 사는 집, 신혼부부의 집, 학생 기숙사, 사택, 부자의 집, 야반도주한 사람의 집, 외국인의 집 등 다양한 집과 방에 들어갔다. 또 수많은 회사의 오피스 점포도 보았다.

대기업의 사장실과 신상품 개발실 등 관계자 외 출입금지인 방까지도 "청소하러 오셨죠? 이쪽으로 오세요"라며 통과시켜주어 보았다. 이처럼 셀 수 없는 많은 집과 방을 보고 발견한 법칙이 두 가지 있다.

법칙 1
사람의 마음이 방에 드러난다

21년 동안 사람들의 방을 보면서 깨달은 점은 똑같은 방은 하나도 없다는 것이다. 사람의 숫자만큼 다양한 방이 있었다. 십인십색(十人十色)이라는 말처럼 사람의 숫자만큼 방이 있었다.

그리고 잘 관찰해보니 방과 사람은 똑같았다. 즉, 방에는 그 방에 사는 사람의 특징이 그대로 드러나 있었다. 그래서 발견한 첫 번째 법칙은 바로 '사람의 마음이 방에 드러난다'는 것이다.

마음에 불평불만, 깊은 의심, 분노, 질투, 빈곤, 억제할 수 없는 욕망과 같은 부정적인 감정이 가득 찬 사람의 방은 물건이 많고 난잡하며 먼지가 쌓여 있고 더러웠다. 참고로 청소업에 종사하면 범죄사건이 일어났던 방을 청소할 일도 있는데, 말할 것도 없이 그 방은 지독하게 더럽다. 반대로 마음이 배려, 신뢰, 꿈과 희망, 그리고 겸허와 감사와 같은 긍정적인 감정으로 가득한 사람의 방은 청결하며 물건이 적고 구석구석까지 정돈이 잘되어 있었다.

실제로 내가 체험한 이야기를 예로 들어보겠다.

— 하우스클리닝은 의뢰받은 집을 정기적으로 청소하는 일이다. 이 청소 서비스는 아무래도 경제적으로 여유가 있는 사람이 많이 신청한다. 좋은 저택에 살고 2~3대의 자동차를 보유하고 있다. 언뜻 보기에는 성공한 것처럼 보이지만, 실제로는 꼭 그렇지 않다.

어떻게 하면 이렇게까지 더럽힐 수 있을까 싶을 정도로 너저분하고 더러운 방도 있다. 벽에서 케첩이 흘러나오고 있는 건 아닐까 싶을 정도로 벽에는 대량의 케첩이 묻어 있고, 바닥에는 간장과 된장찌개 국물이 쏟아진 지 오래이다. 옷은 벗은 상태로 널브러져 있고, 서랍이란 서랍은 하나같이 다 열려 있다. 그야말로 난잡함의 극치이다.

그런 집에는 '반드시'라고 해도 좋을 정도로 가정불화가 있었다. 돈은 있지만 남편이 집에 들어오지 않는다. 아내는 늘 짜증이 나 있고, 아이는 매일 야단맞기 일쑤다. 어쩌다 가족이 서로 얼굴을 마주할 때면 맹렬하게 서로를 비난하였다. 그 집에 사는 가족의 혼란한 마음 상태가 그대로 집에 반영된 것이다. 이런 가정은 머지않아 하우스클리닝도 해약하였다. 이혼, 갑작스러운 도산 등 원인은 다양했지만, 결과적으로는 지위와 재산을 모두 잃었다.

똑같은 부자라도 정반대인 가정도 있다. 집 안이 마치 호텔과 같아서 들어서는 순간 기분이 좋아진다. 우리가 들어서면 인사로 맞이해주고 청소를 같이 해주기도 한다. 우리에게 청소 방법과 청결함을 유지하는 방법을 알려달라고도 한다.

아이들도 인사성이 좋고 예의가 바랐다. 간혹 남편분과 마주칠 때도 있었는데 모든 면에서 존경스러운 멋진 신사였다. 이 사람처럼 성공하고 싶다는 생각이 들 정도였다.

이와 같은 경험을 통해 사람의 마음은 방에 드러나고 사람의 행복과 불행도 방에 나타난다는 걸 알았다.

법칙 2
공간에는 힘이 있어서 같은 에너지를 끌어당긴다

방과 마음의 관계를 통해 발견한 법칙이 한 가지 더 있다. 그것은 '공간에는 힘이 있어서 같은 에너지를 끌어당긴다' 는 것이다. 방에는 그 방에 사는 사람의 마음이 드러난다. 동시에 방주인의 마음이 반영된 방은 그 공간에 사는 사람에게 영향을 끼치는 에너지를 발산하게 된다.

끌어당김의 법칙

부정적인 마음 → 마이너스 자장 → 불행을 끌어당김
긍정적인 마음 → 플러스 자장 → 행운을 끌어당김

나는 이 에너지 작용을 '공간 자장'이라고 부른다. 예를 들어 마음에 짜증, 초조, 질투, 불평불만이 가득한 부정적인 사람의 방은 어수선하고 더러우며 먼지로 가득하다. 부정적인 마음 상태가 그대로 방에 드러난 것이다. 이 공간은 마이너스 자장을 형성해서 동질의 마이너스 에너지를 끌어들이고 증폭시킨다. 그 결과로 점점 불행을 불러들이게 되는 것이다.

반대로 마음이 감사, 자애, 만족감 등으로 가득한 긍정적인 사람의 방은 깨끗하고 맑은 플러스 자장이 형성되어 있어서 계속해서 좋은 것과 행복을 끌어당긴다.

이것을 '유유상종의 법칙' 혹은 '끌어당김의 법칙'이라고 한다. 같은 에너지끼리 서로 끌어당기는 것이다. 유유상종은 공간에도 적용된다. 방에 사람의 마음이 투영된 것이지만, 그 방도 사람에게 영향을 준다. 당신도 공간 자장의 영향을 경험한 적이 있을 것이다.

예를 들어보겠다.

— 회사원 A 씨는 매일 짜증이 난다. 일에 불만이 있으며 인생도 전반적으로 불만족스럽다. 이 부정적인 기분이 공간에 그대로 반영되어 방은 더럽고 어수선하다. 아침에 눈을 뜨기가 힘들고 매일 무거운 몸으로 간신히 일어나서 출근을 한다. 몸이 무겁고 의욕이 나지 않지만 집을 나선다. 하지만 회사에서 직장동료와 이야기를 나누다보면 컨디션이 좋아질 때도 있다. 좋은 컨디션 상태로 영업

하러 나갔는데 계약이 체결되어 예상 밖의 성과가 났다.

동기가 상승하자 '오늘은 집에 가서 영어 공부를 할까?', '집 청소를 하자' 등등, 여러 가지 하고 싶은 일들이 떠올랐다. '그래, 오늘은 돌아가서 공부하는 거야!' 라는 생각으로 집의 현관문을 여니, 신발은 제멋대로 뒤집혀 있고, 내다 버려야겠다고 생각했던 쓰레기는 그대로 방치된 채 쌓여 있다. 현관을 지나면 이번에는 너저분한 방이 기다린다.

발전적인 생각을 했던 것이 거짓말처럼 집에 돌아오자마자 피로가 확 밀려들면서 '오늘은 힘들었으니까 내일 하자' 며 리모컨을 찾는다. 텔레비전을 켜면 그걸로 모든 것은 끝, 또다시 같은 생활 속으로 돌아가 버리게 된다.

당신은 어떠한가? 비슷한 경험이 있지는 않은가? 집에 있을 때에는 부정적인 기분이 들었는데, 밖에 나가서 사람을 만나면 긍정적인 기분이 든다. 하지만 모처럼 기분이 좋아져서 집으로 돌아온들 방에 들어서면 바로 긍정적이었던 기분은 온데간데없이 사라져버린다. 신기한 일이 아닐 수 없다.

이것은 틀림없는 공간 자장 때문이다. 마이너스 자장이 사람에게 영향력을 끼쳐서 모처럼 긍정적으로 나아가려던 기분을 소멸시키고 부정적인 기분으로 만든 것이다. 머지않아 마이너스 자장은 불행한 사건도 끌어당길 것이다.

한 독일 심리학자의 연구에 따르면 회사에 책상이 지저분한 사람이 한 명 있는 것만으로도 몇천만 유로의 손실이 난다고 한다. 지저분한 책상이라는 마이너스 공간 자장이 하나만 있어도, 그것이 다른 사원에게 영향력을 끼쳐서 회사의 매출에까지 영향을 준다는 것이다.

물론 그 반대도 성립된다. 사람을 행복하게 만들어주고 싶다, 가족을 행복하게 해주고 싶다, 고객을 풍요롭게 해주고 싶다는 적극적인 마음을 가진 사람이 사용하는 공간은 플러스 자장을 띤 플러스 공간이 되어, 사람들에게 긍정적인 마음을 갖게 하고 좋은 일을 끌어당긴다.

방에는 각각의 의미가 있다

'사람의 마음이 방에 드러난다', '공간에는 힘이 있어서 같은 에너지를 끌어당긴다' 라는 두 가지 법칙을 통해 깨달은 것이 있다.

그것은 방 청소를 통해 거주자가 자신의 인생을 바꿀 수 있다는 것이다.

나는 이것을 '청소력'이라는 성공 법칙으로 제창하고 있다. 누구나 바로 시행할 수 있는 '환기', '버리기', '닦기', '정리정돈'으로 인생을 호전시켜주는 플러스 자장이 흐르는 공간을 만들라고 제안한다.

성공 법칙 : 방 청소(환기, 버리기, 닦기, 정리정돈) = 플러스 자장

이 두 가지 법칙으로 방을 보면 각 방에는 의미가 있다는 것을 알 수 있다. 그 이유는 방이란 사람이 생각과 목적에 따라서 행동을 투영하는 장소이기 때문이다. 예를 들어 식량을 조달하려고 낚시로 물고기를 잡았다고 하자. 잡은 물고기를 요리할 장소는 이미 정해져 있다. 매일 불을 지피고 요리하는 공간은 '주방'이다. 그리고 식사는 '식탁'에서 한다. '거실'은 쉬는 공간이고, '침실'은 자는 곳이다.

이처럼 공간은 사람의 생각에서 생겨난다. 그래서 장소에는 사람의 마음이 직접 반영되는 것이다. 그러나 이와 반대로 풍수에서는 장소에 이미 에너지가 있어서 인간이 거기에 맞춰가야 한다고

말한다.

하지만 공간은 사람이 목적을 갖고 행동함으로써 형성된 것이므로 각각의 장소에는 특정한 마음이 투영되게 되어 있다. 예를 들어 요리하는 공간인 주방은 나와 가족을 위해 식자재를 가공하고 조리하는 공간이므로 애정 어린 마음과 건강을 염려하는 마음이 반영된다. 그래서 주방이 더러워지면 애정운에 문제가 생긴다. 침실은 피로를 풀기 위해 수면을 취하는 장소이므로 몸과 마음의 건강이라는 의미를 가진다. 그래서 침실이 더러워지면 건강에 문제가 생긴다.

이처럼 방에는 의미가 있다. 그래서 방을 보면 거주자의 문제와 고민의 원인을 알 수 있는 것이다. 또 아직 문제가 발생하지 않았더라도 공간에 영향을 받으며 그 공간과 똑같은 에너지를 끌어당기기 때문에 반드시 머지않아 영향력이 나타나게 되어 있다. 그래서 미래 예측이 가능한 것이다.

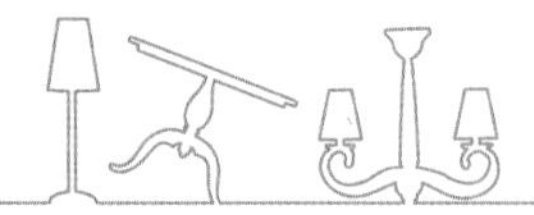

미래를 읽으면 인생을 바꿀 수 있다

03

먼저 당신의 방(혹은 집 전체)을 보면, 인생 전반에 걸쳐서 당신의 현 상태가 어느 레벨이고 앞으로 어떤 미래가 다가올지도 알 수 있다. 그리고 응용편에서는 각 방(화장실, 현관, 주방 등)을 조합하여 진단하면, 사업운이나 금전운과 같은 여러 가지 운세가 미래에 자신에게 어떻게 나타날지를 구체적으로 예측할 수 있다. 이에 대해서는 3장과 4장에서 상세하게 다루도록 하겠다.

이 책을 읽으면서 어떤 사람은 '방이 더러워서 미래를 알면 불안할 것 같으니까 그냥 빨리 청소나 해버려야겠다' 고 생각할 수도 있을 것이다. 하지만 애써 책 한 권을 할애하며 미래 예측 방법을 당신에게 이야기하는 데에는 이유가 있다. 그것은 현 상태를 객관적으로 파악하는 것 자체가 운명을 호전시킬 핵심이기 때문이다. 현 상태를 외면하고는 절대로 발전적인 미래를 기대할 수 없다. 자신이 처한 상황에 대한 분명한 인식이 구체적인 행동으로 이어지기 때문이다.

또 지금 상태를 유지하게 되면 어떤 미래를 맞이하게 될지를 아는 것이 지속해서 청소력을 실천할 원동력이다. 즉, '전처럼 방이 다시 더러워졌네' 하는 상황을 맞이하지 않고 방을 깨끗하게 유지할 수 있게 된다.

덧붙여 방을 통해 자신의 미래를 예측하는 것을 많은 사람이 알게 된 요즘, 자신의 방 상태를 제대로 파악하지 못하는 사람들이 놀랄 정도로 많다.

감정 의뢰를 요청한 B 씨는 "청소력을 실천하고 있답니다!"라며 웃는 얼굴로 "앞으로 좋은 일들이 거침없이 끌려오겠죠?"라고 기쁜 듯이 말하였다. 나도 기대하는 마음으로 B 씨의 집을 방문하였다가 나도 모르게 "어디를 청소했다는 거죠?"라고 말해버렸다.

B 씨뿐만이 아니다. 이런 사람들은 정말로 많다. "청소해서 이

제야 겨우 사람을 초대할 만한 집이 됐어요"라는 말을 듣고 집에 들어선 순간 전신에 소름이 끼치면서 구역질이 났던 적도 한두 번이 아니다. 사람마다 깨끗함에 대한 인식 차이가 있다는 것을 새삼 깨달았고, 자신의 방이 어느 레벨에 해당하는지를 정확하게 파악할 수 있도록 해야겠다는 생각을 더욱 강하게 하였다.

5단계 방의 레벨

1. 천사 공간
2. 성공 공간
3. 안심 공간
4. 실패 직전 공간
5. 최대 위험 공간

그래서 객관적으로 확인할 수 있고, 누구나 자신이 어느 레벨에 해당하는지를 바로 알 수 있는 '5단계 방의 레벨'을 만들었다. 객관적으로 가장 청결도가 높은 플러스 단계가 '천사 공간'이다. 그다음이 '성공 공간', 중간 단계가 '안심 공간', 그다음의 마이너스 단계가 '실패 직전의 공간', 최하위 단계가 '최대 위험 공간'이다.

이 5단계 중에 반드시 당신의 방 상태에 맞는 레벨이 있을 것이다. 각 공간 레벨이 어떤 현상을 불러들이고, 거주자에게 어떤 미래를 초래하는지에 관한 자세한 설명은 2장에서 하겠다. 여기서는 먼저 5단계로 분류한 기준이 되는 '5가지 시점'에 대해서 설명하겠다.

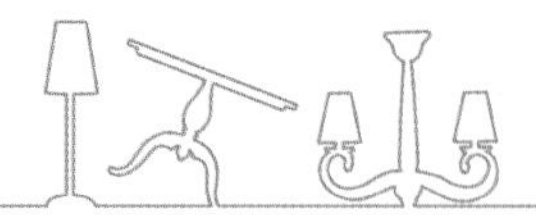

방의 레벨을 알기 위한 5가지 시점

04

당신의 방이 어느 레벨인지를 판단하고 미래를 예측하게 해주는 '5가지 시점' 이 있다. 5가지 시점으로 방을 살펴봄으로써 정확하게 레벨을 판단할 수 있다. 5가지 시점은 아래와 같다.

1. 분위기
2. 청결도
3. 방치도
4. 통일성
5. 물건의 양과 수납 정도

이 5가지 시점을 62페이지의 표와 같이 매우 좋다(A), 좋다(B), 보통이다(C), 나쁘다(D), 매우 나쁘다(E)의 5단계로 분류한다. 이 5가지 시점으로 방을 점검한 뒤 평균을 내면, 당신 방의 레벨이 5단계 가운데 어느 레벨인지를 바로 알 수 있다. 그럼 이 5가지 시점에 대해서 상세히 설명하도록 하겠다.

체크 포인트 1
분위기

제일 먼저 체크할 포인트는 당신 방의 '분위기'이다. 내가 방을 볼 때 가장 중요하게 생각하는 항목이다. 직감이 중요하다.

예를 들어 감정할 사람의 집이 보이면 제일 먼저 집이 자아내고 있는 분위기를 체크한다. 분위기가 좋다, 그저 그렇다, 좋지 않다는 판단부터 시작한다. 좋지도 않고 나쁘지도 않은 애매한 상태는 보통 레벨인 C이다. 이 레벨은 고향집에 온 듯한 안심감을 주기도 한다.

또 들어서자마자 '의욕이 떨어진다', '왠지 피곤하다'는 느낌이 드는 공간이 있다. 이건 D의 에너지이다. 피로해지는 수준을 넘어

공간을 감정하는 '5가지 시점'

• 당신의 방은 당신의 미래를 보여준다! •

구분	A	B	C	D	E
분위기	감동과 감사하는 마음이 생긴다. 아이디어가 떠오른다. 풍요로운 기분이 든다. 마음이 충만하다.	머리가 맑다. 시야가 시원하다. 의욕이 솟는다.	(좋은 쪽으로든 나쁜 쪽으로든) 안심감이 든다. 아무 느낌도 없다.	의욕이 떨어진다. 피로하다.	구토, 현기증, 컨디션이 나빠진다.
청결도	보이지 않는 곳까지 깨끗하다. 공기까지도 깨끗하다.	구석구석까지 깨끗하다. 청소 지식과 기술을 활용해서 청소했다.	언뜻 보기에는 깨끗한 것 같지만 잘 보면 구석에 먼지가 있다. 세제로 닦아야만 닦일 것 같은 오염물이 있다.	눈에 띄는 곳에 먼지와 오염물이 있다. 몇 년 이상 청소하지 않는 곳이 있다.	무언가가 묻지 않았거나 먼지가 쌓이지 않은 곳이 없다. 최대 오염도.
방치도	타인을 위해 방치해 두지 않았다.	나를 위해 방치해 두지 않았다.	버리거나 수리해야겠다고 생각한 지 1년이 지난 물건이 3개 이상 있다.	버리거나 수리해야 할 물건이 베란다와 창고에도 있다.	공간이 부서진 것, 잡동사니, 쓰레기로 가득하다.
통일감	방문자를 의식해서 콘셉트를 통일시켰으며, 환대하는 분위기가 감돈다.	자신이 좋아하는 콘셉트로 통일시켜 놓았다.	통일된 콘셉트는 없으나 전체적으로 조화롭다.	콘셉트 없이 제각각인 인상을 준다. 쓸 수만 있다면 뭐든 상관없다.	파괴와 어수선함이라는 불쾌한 통일감이 느껴진다.
물건의 양과 수납 정도	필요한 물건만 있다. 모든 물건에 애정이 미치고 있다.	여유롭게 수납되어 있다.	수납공간에서 물건이 넘쳐나고 있다.	수납공간에서 넘쳐난 물건이 바닥에 널브러져 있어 발을 디딜 데가 없다.	물건이 공간의 밖으로까지 넘친다.

서 '머리가 아프다', '현기증이 난다', '토할 것 같다' 등등, 몸의 상태가 나빠지는 공간은 E이다.

반대로 방에 들어서는 순간 '몸이 편안하다', '기분이 좋다', '의욕이 솟는다', '산뜻하고 시원하다'는 느낌이 들면 B이다. 더 나아가 '들어선 순간 감동했다', '이 공간에 있으면 풍요로운 기분이 든다', '아이디어가 끊임없이 샘솟는다', '감사하는 마음이 넘친다'에 해당하면 A이다.

처음에는 판단이 어려울 수도 있다. 평소에 장시간 지내는 장소일수록 감각이 마비되기 때문이다. 거리의 점포, 호텔, 회사 등으로 연습해보자. 처음 본 순간, 들어선 순간에 어떤 분위기가 느껴지는지를 연습하면 직감력이 점점 높아질 것이다.

체크 포인트 2
청결도

두 번째 체크 포인트는 '청결도'이다. 먼지가 쌓인 정도와 오염도를 체크한다. 언뜻 보기에는 깨끗한 것 같지만, 팩스와 전화기, 선반 위와 벽, 방구석에 먼지가 쌓여 있지는 않은가? 이처럼 자세히 보면 지저분하지만, 나름대로 깨끗하다고 할 수 있는 레벨은 C에 해당한다. 이 레벨의 사람들은 청소기는 일주일에 여러 번 돌리지만 구석구석까지 청소하지는 않는다. 청소 기술과 지식은 없고 그냥 나름대로 청소하는 수준이다.

반면, 정기적으로 청소하지 않으며, 눈에 보이는 곳에도 먼지가 쌓여 있고, 음식물이 흘러 얼룩져 있어도 신경을 쓰지 않는 상태가 되면 D이다. 다소 너저분하고 지저분할 때 적당한 안심감이 느껴진다는 레벨이다.

나아가 모든 곳이 오염되어 있고 오염된 지 오래되어 깨끗하게 할 수 없는 상태라면 E이다. 주방은 기름때로 끈끈하고, 창문틀과 벽에는 곰팡이가 피었다면 오염도 최대 단계이다.

반대로 청소 도구를 이용해서 구석에 쌓인 먼지까지 청소된 깨끗한 방은 B이다. 이 공간에 사는 사람은 어떤 오염물을 어떤 세제로 제거해야 하는지에 관한 지식을 갖고 있다. 사람들이 "이 집은 정말로 깨끗하네요"라고 말할 정도의 공간이다.

그리고 보이지 않는 곳, 사람 눈에 띄지 않는 곳, 예를 들어 옷장 뒤와 책상 뒤, 냉장고 뒤까지 깨끗하게 청소해서 공기까지 깨끗하게 느껴진다면 그 방은 A이다.

A 공간을 대표하는 장소는 마법의 나라 디즈니랜드이다. 인기

어트랙션인 스페이스 마운틴은 밤에 전깃불을 밝히고 구석구석까지 깨끗하게 청소한다고 한다. 실제로 제트코스트를 가동시키는 낮 시간에는 어둡게 조명을 낮춰서 보이지 않으므로 안 해도 될 것 같지만 철저하게 청소한다고 한다.

체크 포인트 3
방치도

세 번째 체크 포인트는 '방치도'이다. 공간에 방치된 물건을 체크한다. '버려야지', '고쳐야지' 라고 생각한 지 1년이 지난 물건이 3개 이상 있는 공간은 C이다. 고향집에 가면 이런 물건이 많다. 1년 전에도 분명히 거기에 있었던 물건을 보고 "이거, 아직도 안 버렸네?" 하는 식이다.

버릴 물건과 고칠 물건이 2~3년 동안 계속 쌓여 베란다와 창고, 그리고 집 주변에까지 방치되어 있다면 그 공간은 D이다. '버려야지', '고쳐야지', '치워야지' 하고 생각하는 사이에 방치된 물건이 셀 수 없이 많아져서 베란다와 창고는 물론 집 밖으로까지 흘러넘친다. 쓸모없어진 타이어, 버려야겠다고 생각했지만 몇 년째 방치하고 있는 아이 자전거 등등, 여러 가지 물건으로 넘치는 상황이다.

10년이 지나도록 방치한 물건이 그 상태 그대로 있으며, 버릴 물건, 오염물, 쓰레기가 공간을 차지하고 있다면 E이다. 이는 쓰레기 방, 쓰레기 집이라 할 수 있다.

반대로, 거주자에게 필요 없는 물건이 전혀 방치되어 있지 않은 공간은 B이다. 고장 나면 바로 고치고, 버리기로 정한 물건은 바로 버린다. 물건을 그때그때 즉시 깨끗하게 정리정돈 한다.

여기서 더 나아가 '나를 위해 방치하지 않는다'는 생각의 관점이 '다른 사람을 위해 방치하지 않는다'로, 즉 자신에게서 시작한 관점이 타인으로 바뀌면 A가 된다. 남에게 아무렇게나 내버려둔 물건을 보이는 건 실례라고 생각해서 물건을 내버려두지 않는다. 예를 들어 가게의 경우, 전구가 나간 전등을 그대로 방치한다면 손님이 가게에 들어와서 전등을 보고 불쾌감을 느낄 것이다. 즉, 손님을 맞이하는 공간이 아니게 된다.

물건을 방치하지 않는다는 점에서는 B와 같다. 하지만 자신을 위해서 그렇게 하지 않는지, 다른 사람에게 기분 좋은 공간을 제공하고 싶어서 그렇게 하지 않는지는 관점의 차이가 있다. 이 차이로 등급이 달라진다.

체크 포인트 4
통일감

네 번째 체크 포인트는 '통일감' 이다. 집의 외관과 방에 놓인 가구, 커튼, 소파, 패브릭 등에 통일감이 있는지를 본다. 이때 플러스 공간이 되면 될수록 통일감이 높아지고, 마이너스 공간이 되면 될수록 통일감은 줄어든다.

컬러와 콘셉트를 비롯한 대체적인 틀은 통일되어 있지만, 전부 다 통일된 것은 아니다. '싸서 샀다', '갑자기 필요해졌는데 이것밖에 없어서 구매했다' 하는 가구와 패브릭이 많다. 하지만 어중간한 조화를 이룬다면 C이다.

그리고 어떻게 봐도 통일감이 없고 제각각인 인상을 받는다면, 즉 '쓸 수만 있으면 뭐라도 상관없다', 혹은 '거저 얻을 수 있다면 뭐든 좋다' 라며 어디서 얻어온 것 같은 물건으로 가득 찬 공간은 D이다. 당연히 콘셉트도 통일감도 없고, 사용하지 않는 물건이 점점 늘어난다. 어떤 의미에서는 잡동사니라는 통일감이 형성되어 간다고도 할 수 있다.

나아가 하나같이 망가져서 가구와 패브릭의 원형을 파악하기가 어렵고, 더럽고 난잡하고 정신없다는 통일감이 느껴진다면 E이다.

이 집은 마이너스 자장 공간이 완성되면 훌륭할 정도로 난잡함, 더러움, 파괴된 물건으로 통일되게 된다.

이와 달리 자신이 쾌적하게 살기 위해 방에 명확한 콘셉트로 통일감을 주었다면 B이다. 북유럽 브랜드로 통일했거나, 아시안 테이스트로 통일했거나, 앤티크 가구 및 리버티 프린트 패브릭을 중심으로 통일했거나, 또는 마음이 편안해지는 내추럴 영국풍 등으로 통일감이 있게 연출된 공간이다.

마지막으로, 콘셉트 결정에 '손님에게 쾌적한 공간' 이란 접대의 정신이 들어간 공간은 A이다. 예를 들어 도쿄 만다린오리엔탈호텔은 만다린호텔 중에서도 오리엔탈의 매력을 통해 고객에게 '감동'을 제공하는 것을 콘셉트로 하고 있다.

즉, 서비스업은 서비스 추구가 통일감으로 현실화되어야 한다. 그러므로 가정집은 가족이 쾌적하게 지낼 수 있는 콘셉트로 공간을 만들면서 손님을 위한 배려가 들어가 있다면 그 공간은 A가 된다.

체크 포인트 5
물건의 양과 수납 정도

다섯 번째 체크 포인트는 '물건의 양과 수납 정도'이다. 식기 선반, 책장, 옷장, 서랍장, 책상 서랍 등을 비롯한 방 전체에 물건이 어떻게 수납되어 있는지를 체크한다. 플러스 공간이 되면 될수록 방은 넓더라도 물건은 적고, 마이너스 공간이 되면 될수록 방에는 물건이 넘친다.

방에 무질서하게 물건이 흐트러져 있는 것은 아니지만, 수납공간에서 물건이 넘쳐 있다. 물건이 다 수납되지 않아서 옷장과 선반 위, 냉장고와 책장 주변 등에 물건이 쌓여 있다. 또 식탁 위에 간장을 비롯한 조미료와 젓가락 등이 놓여 있다. 이처럼 물건이 잔뜩 흘러넘친다기보다는 수납공간이 가득 차서 밖으로 넘치는 상태는 C이다.

그러나 넘친 물건이 바닥에 널브러져 있어 발 디딜 곳이 없는 상태라면 D이다. 이런 거주자의 집은 선반 위에 올려놓거나 방의 한 쪽 구석에 쌓아두는 것조차 귀찮아서(혹은 쌓아두었던 것이 무너져서) 바닥이 보이는 면적이 점점 줄어들게 된다.

그리고 바닥에 널브러진 물건이 밖으로까지 넘치게 되면 E이다.

이렇게 되면 점점 집은 쓰레기집이 되어 간다. 방치도와도 관계되며, 물건을 제대로 처분하지 못해 공간 안에는 수납이 불가능한 상태가 된다. 반대로 수납공간에 물건이 여유롭게 수납되어 있으며, 방의 넓이와 반비례하게 물건이 적은 공간은 B이다. 콘셉트가 명확해서 불필요한 물건을 소유하지 않기 때문이다. 식기 선반, 책장, 옷장, 서랍장, 책상 서랍 등등, 어느 수납공간을 보더라도 여유가 있고 깔끔하다.

여기에 타인의 시점을 추가해서, 다른 사람이 봐도 쾌적하도록 물건의 양을 정리하고 수납 방식을 연구하였다면 A이다. 그런 공간에 사는 사람은 어디에 무엇이 들어 있고 수납되어 있는지를 보지 않고도 안다. 이는 모든 물건에 애정을 품고 있기 때문이다.

여기까지 읽었을 때 당신은 어떤 생각이 드는가? 나는 지금까지 수없이 많은 사람의 방을 보아왔고, 이 5가지 시점으로 각 방을 면밀하게 체크해서 방의 레벨을 진단하였다. 그 경험으로 나는 누구나 쉽게 자신의 방 레벨을 진단할 수 있도록 체크 리스트를 만들었다. 그것이 20페이지에 있는 '방의 레벨 체크 리스트'이다. 당신의 방은 어느 레벨에 속하는가? 2장에서는 각각의 공간에 있으면 어떤 현상을 끌어당겨서 어떤 미래를 맞이하게 되는지를 실제로 내가 목격한 사례로 예를 들며 설명하겠다.

CHAPTER
2

미래를 읽는 다섯 가지 공간

당신의 방은 당신의 미래를 보여준다!

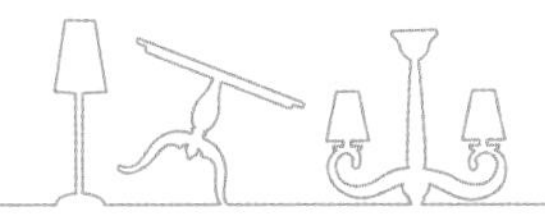

당신의 방은 어느 레벨에 속하는가?

01

방에는 레벨이 있다. 현재의 방 레벨에 따라서 당신의 미래가 달라진다. 1장에서 설명한 공간을 감정하는 '5가지 시점'에 근거하여 간소화한 것이 20페이지에 있는 '방의 레벨 체크 리스트' 이다. 벌써 해봤으리라 생각한다. 당신의 방 레벨은 어느 레벨로 진단되었는가?

2장에서는 각 방의 레벨에 대해 구체적으로 설명하려고 한다. 먼저, 다음 페이지에 있는 표를 보자. 플러스 공간이 2개, 마이너스 공간이 2개, 그리고 중간에 해당하는 공간이 1개로 방의 레벨은 총

5단계 방의 레벨

• 당신의 방은 당신의 미래를 보여준다! •

플러스 공간 ← → 마이너스 공간

방의 레벨	천사 공간	성공 공간	안심 공간	실패 직전의 공간	최대 위험 공간
에너지 요소	조화, 발전, 환영	조화, 안심, 발전	조화, 안심	불평불만, 무기력, 분노, 질투	실망
방의 예시	5성급 호텔, 대성당, 신전, 디즈니랜드	성공한 사장 · 부장, 연예인의 집	흔히 생각하는 고향집	손님이 없는 음식점, 쓰러져가는 여관	쓰레기 집, 안 팔리는 건물
거주자 타입	성공한 사람	향상심, 목적, 삶의 보람이 있는 사람	(기본적으로) 착하고, 분위기에 잘 휩쓸리는 사람	이기적이고 사리사욕을 탐하는 사람	파괴자
방의 레벨을 올리기 위한 청소력 어드바이스	'버리기'+ '닦기'+ '정리정돈'+ '접대 공간'	'버리기'+ '닦기'+ '정리정돈'+ '접대 공간'	'버리기'+ '닦기'+ '정리정돈'	'버리기'+ '닦기'	친구, 지인, 전문 업체의 도움을 받아서 '버리기'

5단계로 구분된다.

플러스 공간 중에서도 최상급인 공간을 '천사 공간', 두 번째를 '성공 공간', 가운데를 '안심 공간', 그 아래에 위치한 마이너스 공간을 '실패 직전의 공간', 제일 아래 있는 최악의 공간을 '최대 위험 공간'이라고 이름 붙였다.

어느 나라 사람이든 어떤 사람이든 반드시 이 5단계 레벨 가운데

어딘가에 해당한다. 경계가 확실하지 않고 '실패 직전의 공간하고 안심 공간의 중간쯤인가?' 싶은 경우도 있을 수 있다(체크 리스트에서 개수가 똑같은 레벨이 있는 경우). 이 경우에는 양쪽을 모두 읽고 참고하는 것이 좋다. 그럼 하나씩 구체적으로 설명하겠다.

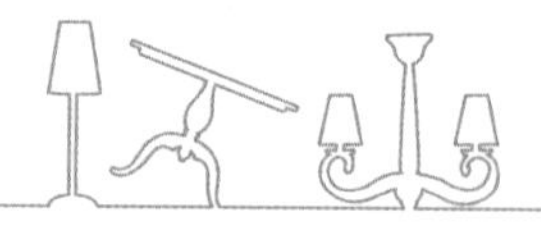

안심 공간

: 재생과 조화를 가져오는 고향집과 같은 방 :

02

먼저 중간 레벨의 공간부터 설명하겠다. 플러스와 마이너스가 제로에 있는 공간이다. 이 공간에 해당한다면 일단은 합격이라 할 수 있다. 비교적 많은 사람의 방이 이 레벨에 해당할 것이다. 이 공간은 바로 '안심 공간' 이다. 이 공간을 지배하는 에너지는 '조화' 이다.

내가 이미지 하는 대표적인 '안심 공간' 은 '부모님 댁' 이다. 즉, 고향집 같은 공간이라고 하겠다. 예를 들어 애니메이션 〈사자에씨〉에 나오는 집, 〈마루코는 아홉 살〉에 나오는 집 등이 '안심 공간' 이다. 고향집도 물론 사람에 따라 제각각이겠지만, 일반적인 고향집의 이미지는 아마도 그런 느낌일 것이다.

그럼 구체적인 특징을 들어보겠다.

'안심 공간'의 특징

1. 좋은 의미에서든 나쁜 의미에서든 편안한 분위기이다. (어지럽혀도 괜찮다는 생각이 드는 마음 편한 분위기)
2. 청소는 정기적으로 이뤄지지만 잘 보면 틈바구니에 먼지가 쌓여 있다.
3. 버리거나 수리해야겠다고 생각한 지 1년이 지난 물건이 3개 이상 있다.
4. 가구와 패브릭의 콘셉트 및 컬러에 특별한 통일감은 없지만 전체적으로 방과 조화를 이룬다.
5. 수납공간(식기 선반, 책장, 옷장 등)에 수납이 다 되지 않아서 다른 곳에도 물건이 쌓여 있다.

이 공간은 부지런하게 청소를 하고 있기는 하지만, 물건이 많고 전체적으로 어수선하므로 산뜻하다고는 말하기 어려운 공간이다. 그리고 몇 년 이상 가구 배치를 바꾼 적이 없고, 다른 물건들도 같은 위치에 놓여 있으며, 기둥에는 어린 시절에 냈던 상처 자국이 그대로 남아 있다.

이러한 '무변화'가 안심 공간을 지탱한다. 고향집에 갔을 때 안심감을 느낄 수 있는 이유 중의 하나이기도 하다.

그런데 최근에 고향집에 갔을 때 46인치 텔레비전이 거실 중앙에 놓여 있는 것을 보고 위화감을 느꼈다. 어느 것 하나만 진화된 것이 놓여 있었기 때문이다.

그래도 이런 공간에는 공간 자장이 '조화 에너지'로 가득하다. 그래서 이 공간으로 돌아가면 안심감이 느껴지는 것이다. 흔히 고향집에 가면 마음 놓고 푹 쉬게 된다고 하는 것처럼.

조화 에너지는 '치유 에너지'이기도 해서 재생의 힘을 가진다. 지친 마음과 상처받은 정신을 재생시켜주는 힘이 있다. 이 공간에 사는 사람은 기본적으로 선량하며 다정하고 배려심이 있다. 그래서 앞으로 설명할 마이너스 레벨로 떨어진 사람이 계속 이 안심 공간에서 살게 되면, 황폐해졌던 마음이 조화를 이루면서 치유되고, 어느 사이엔가 따뜻한 사람으로 바뀌고, 인생을 개선하고자 하는 의지도 갖게 된다.

나도 20대 후반에 크게 실패를 하고 망연자실했던 때가 있었다. 그때 부모님께서는 나에게 "집으로 돌아오라"고 말씀해주셨다. 2개월 정도 고향집에서 지내는 동안 마음의 상처는 치유됐고, 다시 한

번 힘을 내어 도전해야겠다는 재생의 힘을 얻을 수 있었다.

당신의 미래는 '좋게도 나쁘게도 바뀌지 않는다'

이 공간에 있는 사람의 미래는 좋든 나쁘든 안정된 상태일 것으로 예측된다. 작은 문제나 사건은 있을 수도 있지만, 기본적으로 나타나는 일은 좋은 일이 많을 것이다. 다만 안심감과 안정성은 있겠으나 커다란 변화, 진화, 발전, 번영은 기대할 수 없다. 그리고 경기 및 주변 상황에 쉽게 좌우된다는 점에 주의해야 한다. 예를 들어 장기적인 불경기 및 우연한 사건 · 사고 등을 계기로 삶의 밸런스가 무너질 수 있다.

— 내가 아는 30대 중반의 회사원 I 씨의 이야기이다. 몇 년간 계속된 경기 침체의 영향으로 I 씨네 회사도 일시적으로 실적이 떨어졌다. 야근 수당이 없어진 것은 말할 것도 없고 업무량도 전보다 과도하게 많아졌다. 그때까지는 나름대로 주변 사람과 잘 지내며 순조롭게 회사생활을 했지만, 이로 인해 서서히 불만이 쌓이면서

회사와 동료, 상사에 대한 비난을 입에 담기 시작하였다.

이 부정적인 마음이 방에도 반영되어 서서히 방은 흐트러졌다. 그는 이렇게 말하였다. "스트레스로 매일 술을 마셨고, 직장 동료와 함께 회사에 대한 불평과 남에 대한 불만을 늘어놓았어요. 휴일에는 아무것도 할 마음이 들지 않아서 쓰레기로 가득한 방에서 지냈죠." 그의 방은 점점 앞으로 설명할 '실패 직전의 공간'으로 전락하였다. 그러던 어느 날, 일을 마치고 막차를 타고 녹초가 되어 집으로 귀가한 I 씨가 본 것은 깨진 창문과 도둑으로 인해 엉망진창이 된 방이었다.

I 씨처럼 작은 일을 계기로 조화가 붕괴되어 해고, 도산, 판매율 저하, 질병 및 부상, 가족 불화 등의 마이너스한 사건을 불러들일 수 있으므로 주의해야 한다.

조금씩 좋은 일을 끌어당기기 위한 어드바이스

'안심 공간'에 있는 당신을 위한 어드바이스이다. 경기 및 주변 상황에 좌우되지 않을 힘을 기르고자 할 때, 또 현 상황이 만족스럽지 않아서 다음 단계인 '성공 공간'으로 이동하고자 할 때는 5장에서 소개할 '버리기'와 '닦기' 청소력을 시행해야 한다. 필요한 물건과 필요한 양을 명확히 하고 그 외의 것은 버려야 한다. 그리고 집 안에 있는 물건을 빛이 나도록 닦아야 한다. 이렇게 하는 것만으로도 조금씩 운이 좋아질 것이다.

다시 I 씨의 이야기로 돌아가 보자.

— I 씨는 도둑이 든 방, 타인이 어지럽힌 방이 불쾌하게 느껴졌다. 그래서 경찰이 돌아가고 나서 심야부터 아침까지 철저하게 쓰레기를 내다 버리고 방을 구석구석 닦았다. 그 후에도 방을 깨끗하게 유지했더니 집중해서 일에 열중하게 되었다. 업계 전체의 경기가 침체된 가운데 예전보다 더 많은 성과를 냈고, 지금은 스카우트 되어 새로운 회사에서 활약하고 있다.

방을 깨끗하게 유지해서 조금씩 플러스 에너지로 방을 채우는 한편 '성공 공간'으로 나아가도록 방의 콘셉트를 통일시키고 청소 기술을 향상시켜 나간다면, 풀리지 않으리라고 생각했던 문제도 쉽게 해결되고 본인이 되길 열망하는 사람도 될 수 있을 것이다.

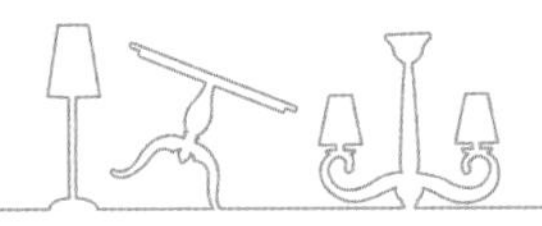

실패 직전의 공간

: 한 걸음만 잘못 디뎌도 불행이 현실화 :

03

'안심 공간' 의 아래 단계는 '실패 직전의 공간' 이다. 상당히 마이너스한 레벨에 위치한 공간이다. 이 단계에 해당한다면 당신은 대단히 위험한 상황이다. 혹시 잘 풀리지 않는 일투성이지 않은가? 아직 밑바닥까지 떨어지지는 않았지만, 여차하면 위험 영역으로 내려갈 수 있는 간당간당한 공간이다.

예를 들면 망하기 직전의 파리 날리는 음식점이 이에 해당한다. 벽에 기름이 묻고 또 그 위에 먼지가 앉아서 갈색 털이 자라난 것처럼 보이며, 기름으로 인해 바닥까지 끈적끈적한 가게가 간혹 있지 않은가? 이런 가게의 주인은 손님이 오지 않는다는 이유로 청소도 하지 않으면서 '아무려면 어때' 라고 생각한다. 혹은 늘 불평을 늘어놓는다. 또 쓰러져가는 여관, 노는 데 정신이 팔린 학생의 방도 실패 직전의 공간이다.

구체적으로는 다음과 같은 특징을 보인다.

'실패 직전의 공간' 의 특징

1. '뭘 해야겠다' 고 생각하였다가도 집에 돌아오면 기운이 나지 않는다.
2. 눈에 잘 뜨이는 곳에 먼지와 오염물이 있으며, 몇 년이 지나도록 청소를 하지 않은 장소가 있다.
3. 버릴 물건, 설거지할 그릇, 빨랫감이 넘친다(창고와 베란다, 마당에서도 쓰레기가 넘쳐난다).
4. 가구와 패브릭의 콘셉트와 컬러에 통일감이 전혀 없다.
5. 발 디딜 데가 없을 정도로 바닥에 물건이 널브러져 있다.

이 공간은 정기적으로 청소하지 않으며 쓰레기와 물건이 넘치는 공간이다. 들어간 순간 누구나 '더럽다' 고 느끼는 방이다. 이 공간의 자장은 '불평불만' 과 '무기력' 에너지이다. 이 공간에 들어가면 불평불만으로 가득한 상태나 무기력한 상태, 둘 중 하나에 빠지게 된다.

여러 가지로 트집을 잡고 싶은 마음이 들고, 툭하면 말다툼으로 번진다. "못해 먹겠네", "재, 뭐야!" 하고 늘 험담을 늘어놓고 불만을 토로한다. 또 긍정적인 마음가짐과 향상심이 사라지고 의욕이 없어지기도 한다. 조금 전까지 씩씩했던 사람이라도 이 공간에 들어가면 '아무것도 하기 싫다'는 생각이 들고 기운이 빠지는 것을 느끼게 된다.

이러한 공간에서 살게 되면 자기밖에 모르는 이기적인 사람이 된다. 혹은 욕망을 억제하지 못하거나, 감정을 조절하지 못하는 사람이 돼버린다. 이는 게임 및 인터넷 의존성이나 지나친 식욕으로 나타나기도 한다.

남자는 도박이나 여자에 빠지는 사람이 많다. 여자는 의존성 연애, 쇼핑 중독, 미용에 대한 과도한 집착으로 드러나기도 한다(겉으로는 예쁘게 꾸미고 다니므로 밖에서 만나는 것만으로는 방이 이렇게까지 더러울 거라고는 상상도 할 수 없는 사람도 많다). 또 무기력한 은둔형 외톨이가 되기도 한다. 가벼운 우울증도 이 공간에 사는 사람들에게 많이 나타난다. 늘 삶의 고민과 문제가 끊이질 않고, 항상 자기 걱정만 한다. 나도 예전에는 그랬다(자세한 내용은 《꿈을 이루는 청소력》

에 쓰여 있음으로 참고하기를 바란다).

당신의 미래는 '마이너스로의 큰 변화가 기다리고 있다'

이대로 간다면 이 공간에 사는 사람은 미래에 일, 돈, 연애, 가정, 건강…… 어느 영역에선가 마이너스한 큰 변화를 겪게 될 것이다. 지금 이미 상황이 좋지 않을 수도 있다. 그것은 마이너스 에너지로 공간 자장이 계속 형성되고 있기 때문이다.

결혼하였다면 부부끼리 입만 열면 말다툼을 하거나, 반대로 대화를 전혀 하지 않게 될 것이다. 당연히 자녀도 영향을 받게 된다. 가정에서 받은 스트레스가 학교생활에 나타나서 왕따나 비행, 등교 거부로 나타나는 사례도 있다.

금전 면에서는 충동구매가 잦고 빚을 지면서까지 쇼핑을 한다. 어느 사이엔가 계획하지 않은 지출이 쌓이고 쌓여서 아무리 돈을 벌어도 여유가 생기지 않는 상황에 이르게 된다. 상황이 이렇다보니 매일 기분이 좋지 않다. 낭떠러지로 떨어지기 일보 직전으로, 앞으로 설명할 '최대 위험 공간'으로 전락하는 것은 시간문제이다.

안심할 수 있는 삶을 살기 위한 어드바이스

'실패 직전의 공간'에 있는 당신을 위한 어드바이스이다. 이미 마이너스한 사건을 계속 끌어당기고 있어서 기운도 없고 짜증만 나서 어떻게 해야 할지 모르는 상황일 것이다. 그래도 괜찮다. 인생을 대역전시킬 기회가 아직 당신에게는 있다. 먼저, 마이너스한 사건으로부터 몸을 지키기 위해 당신의 인생을 위협하는 마이너스 요인을 제거하는 일부터 시작하도록 하자.

내가 실패 직전의 공간이라고 감정한 공간에서 보란 듯이 빠져나온 여성을 예로 들어보겠다.

— 이혼 재판 중이던 20대 후반의 Y 씨는, 두 살배기를 안고 육아와 일을 동시에 하며 재판을 치르고 있었기 때문에 정신적으로 상당히 한계에 다다른 상태였다. 이혼에 이르게 된 원인이 남편의 폭력이었다. 그녀의 마음의 상처도 깊은 것 같았다.

그녀는 "육아와 일로 정신이 없어서 쓰레기 내놓는 날이 언제인지도 몰라요"라고 했고, 이사한 지 1년도 안 됐다는 집에는 쓰레기가 넘치고 있었다. '이사 오고 나서 청소기를 한 번도 안 돌린게 아닐까?' 싶을 정도로 먼지도 많고 더러웠다.

상황이 이래서는 재판도 장기화되고 아이에게도 좋지 않은 영향이 있을 것으로 진단되었다. 나는 그녀에게 안심 공간으로까지 방의 레벨을 높이기 위해 어드바이스를 해주었다. 실패 직전의 공간에서 탈출하기 위해서는 먼저 청소력 가운데 '버리기'와 '닦기'를 시행해야 한다. 우선 그녀는 '닦기'부터 시작하였다.

곰팡이가 낀 세면대 수도꼭지와 꽉 막힌 배수구를 계속해서 닦았더니 신기하게도 남편을 책망하던 자신, 그리고 자신을 책망하던 마음을 직시할 수 있게 되었다. 결코 용서할 수 없던 남편도 그 나름대로 고통받고 있었다는 것을 알 수 있었다. 수도꼭지가 빛나고 꽉 막혔던 배수구가 뚫리자, 동시에 남편을 용서할 수 있을 것 같은 기분이 들었다고 하였다.

'버리기'를 할 때는, 특히 '그때'와 '언젠가'라는 과거와 미래를 상징하는 물건을 버리라고 하였다. 그녀는 남편에게 받은 물건을 거의 버렸지만 유일하게 팔찌만큼은 버리지 못하였다. 비싼 건 아니지만 그 팔찌를 받았을 때가 가장 행복했고 사랑받았던 순간이라는 기억이 남아 있어서 버릴 수가 없었다고 한다. 그랬던 팔찌를 바로 처분함과 동시에 사람들에게 잘 보이고 싶어서 입던 옷과 가방, 화장품 등도 미련 없이 다 버려버렸다. 또 언젠가 행복해졌을 때 입으려던 옷과 미래에 대한 기대가 담긴 옷도 쭉쭉 정리해 나갔다.

그 후 Y 씨는 바쁜 중에도 그 지역의 규칙에 따라서 쓰레기를 버렸고, 청소도 쉬는 날을 중심으로 일주일에 한 번씩 하였다. 현재는 재판도 끝났고, 안정적인 직장으로 이직하기 위해 세미나를 들으며 자격증 취득을 목표로 분투하고 있다.

방의 레벨이 '실패 직전의 공간' 인 경우에는, 과거와 미래를 상징하는 물건을 버리고, 우선순위를 정한 다음에 세분화하여 '닦기' 를 시행해야 한다. 그리고 일주일에 한 번 정도는 정기적으로 청소하는 습관을 길러야 한다. 나아가 '안심 공간' 을 거쳐서 '성공 공간' 으로 레벨업 하는 것을 목표로 삼도록 해야 한다.

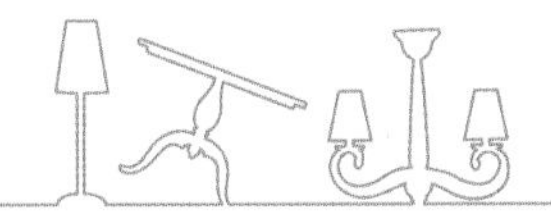

최대 위험 공간

: 계속해서 불행을 끌어당기는 마이너스 자장 공간의 완성 :

04

다섯 가지 공간 중에서도 최악인 공간은 '최대 위험 공간' 이다. 대단히 강력한 마이너스 자장 공간이 형성된 상태이다. 이곳을 구성하는 에너지는 한마디로 '실망' 이다. 불평불만과 무기력을 넘어서 최종적으로 봉착하게 되는 심적 상태가 바로 실망이다.

예를 들어 쓰레기 집, 그리고 범죄가 일어난 적이 있어서 다음번에 사는 사람과 다음번 점포에까지 영향을 끼치는 '사연 있어서 잘 안 팔리는 건물' 이 이에 해당한다.

구체적으로는 다음과 같은 특징을 보인다.

'최대 위험 공간'의 특징

1. 구토, 현기증, 저림, 두통 등 장시간 이 공간에 있으면 신체에 어떤 증상이 나타난다.
2. 먼지와 오염물이 없는 곳이 없다. 몇 년에 걸쳐서 오염물이 눌어붙어서 쉽게 닦일 것 같지 않다.
3. 방이 부서진 것, 잡동사니, 쓰레기로 이루어져 있다.
4. 물건이 쌓여서 방의 원형을 파악할 수가 없으며 가구도 보이지 않는다. 모든 것이 파괴와 난잡함으로 통일되어 있다.
5. 베란다와 마당도 물건과 쓰레기로 넘치며, 고약한 냄새가 밖으로까지 새어 나온다.

이 방은 '쓰레기 집' 혹은 '쓰레기 방'으로 이미 사람이 살만한 환경이라고 할 수 없는 공간이다. 방송에서도 다루어서 일시적으로 화제를 모았던 적이 있는데, 쓰레기 하차장이 아닌 주거지에 쓰레기와 잡동사니를 모아서 쌓아놓고 사는 사람이 있다.

또 밖에서 가지고 들어오는 것은 아니지만, 생활 쓰레기를 몇 년째 버리지 않은 채 쓰레기 더미 속에서 생활하는 사람도 있다. 발 디딜 데가 없는 것은 물론이고, 방 안에 쓰레기가 산처럼 쌓여 있다.

이 공간에 사는 사람의 특징은 주변 사람이 청소를 도와주려고 해도 내쫓는다는 것이다. 또는 쓰레기로 넘쳐나는 사생활을 숨기기 위해 교우관계를 제한하거나 자신을 거짓으로 꾸미며 생활하기도 한다. 이는 사람을 믿지 못하기 때문이다. 마음 깊은 곳에 있는 사회에 대한 실망감과 인생에 대한 절망감이 쓰레기 집과 쓰레기 방이라는 형태로 표출된 것이다.

이미 예상하겠지만, 이 공간에서 계속 살면 모든 나쁜 일이 끌려와서 차례로 현실화된다. 마이너스 자장 공간이 완성됐기 때문이다. 또 그 사람의 인생은 자신의 의지로 조절할 수 없을 정도로 공간이 지니는 마이너스 에너지에 농락당하게 된다. 거주자의 불안과 걱정을 가차 없이 끌어당겨서 현실화시킨다.

당신의 미래는 '사건을 끌어당겨서 붕괴될 것이다'

이 공간에 사는 사람의 미래는 불행한 정도로 그치지 않는다. 부정적인 '사건'이 발생할 가능성이 크다. 인생이 밑바닥으로 굴러떨어지듯이 계속해서 나쁜 방향으로 나아간다. 만약 결혼하였다면 부부관계는 마음에 금이 가 이미 파탄이 난 상태일 것이다.

마이너스 에너지인 불만이 가정 폭력이나 자학으로 나타나거나, 혹은 반대로 지나친 무관심(방치)으로 나타난다. 그리고 이혼, 가정 붕괴, 질병, 빚…… 나아가서는 범죄를 일으키거나 범죄를 당할 수 있다.

얼마 전에도 어린이 둘이 집에 방치되어 굶어 죽은 사건이 발생하였다. 뉴스로 보도되었듯, 베란다가 비상식적일 정도로 더러웠다. 그야말로 쓰레기 산이었다. 물론 말할 것도 없이 집 안도 쓰레기로 가득하였다고 한다.

사건이 발생한 집은 청소업자가 청소하지만, 그런데도 그곳의 강력한 마이너스 에너지는 그 공간에 남아서 "저기는 가게가 또 바뀌었네", "저기 들어가면 꼭 망하더라", "귀신 나온대", "저 집에 살면 꼭 이혼하더라"라고 그 동네에 소문이 퍼지게 된다. 결국 '사연 있는 건물'로 남게 된다.

불행에서의 탈출을 도와줄 어드바이스

'최대 위험 공간'에 있는 당신을 위한 어드바이스이다. 지금까지

이야기한 미래로 발전하기 전에 한시라도 빨리 누군가에게 도움을 요청해서 5장에서 소개할 '버리기' 청소력을 실천해야 한다. 혼자서 실행할 수 있는 한계를 이미 넘어섰기 때문이다. 정리 좀 하고 버려야겠다고 생각하더라도 강렬한 마이너스 자장의 방해로 결국 일이 손에 잡히지 않을 가능성이 크다.

— 얼마 전 부모님의 긴급 요청으로, 집에 틀어박힌 채 밖으로 나오지 않는 30대 은둔형 외톨이 남성 U 씨의 방에 갔었다. 방에 들어가자 악취와 여러 가지 쓰레기 더미로 인해 현기증과 구역질이 났다. U 씨도 어디에서부터 손을 데야 할지 모르겠고 뭘 버려야 할지 모르겠으니 제발 어떻게 좀 해달라고 간곡히 부탁을 하였다. 나는 U 씨에게 '버린 물건에 대해서 일절 항의하지 않겠다'는 서명을 받은 뒤, 업소용 쓰레기통을 설치하고 다섯 명의 손을 빌려서 닥치는 대로 버리기 시작하였다.

그는 작업 내내 안절부절못하더니 잡동사니와 쓰레기를 집 밖으로 내놓은 순간 중압감에서 해방된 듯 맥없이 쓰러져 울기 시작하였다. 그는 눈물을 흘리며 인생을 다시 시작할 것이고 일도 다시 시작하겠다고 약속하였다.

그러고 나서는 U 씨가 직접 2주일 동안 매일 철저하게 더러운 곳을 닦았다. 다시금 방을 보러 갔을 때는 그의 변한 모습에 놀라지 않을 수 없었다. 완전히 다른 사람으로 변해 있었다. 예의 바르게 말을 똑 부러지게 했으며 눈에는 힘이 들어가 있었다. 앞으로 U 씨가 다시 태어난 듯 새롭게 인생을 살아가리라는 것을 방을 통해서도 알 수 있었다.

요즘 이와 같은 최대 위험 공간으로 떨어지는 사람이 늘어나고 있다. 쓰레기 집과 쓰레기 방을 전문으로 청소하는 업자도 많다. 그러므로 다른 사람의 손을 빌리는 것을 두려워하지 말고 일단은 버리고, 버리고, 또 버리자. 반드시 불행의 연쇄에서 빠져나올 수 있다. 즉시 도움을 요청하라.

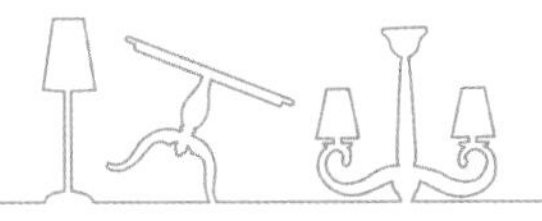

성공 공간

: 거주자를 발전시키는 성공한 사람이 사는 방 :

05

지금까지 마이너스 공간에 관해 이야기해서 민감한 사람은 어쩌면 불쾌감을 느꼈을지도 모르겠다. 그럼 분위기를 바꿔서 지금부터는 플러스 공간에 관해 설명하겠다.

안심 공간보다 한 단계 위에 있는 공간이 '성공 공간' 이다. 이 공간은 말 그대로 성공한 사람이 사는 공간이다. 이 공간의 에너지는 안심 공간을 구성하는 '조화' 에너지에 더해서 '발전과 번영' 의 에너지, 그리고 거주자의 '청소 지식과 기술' 로 이루어져 있다.

이 성공 공간을 예로 들면 존경하는 부장님의 집과 사장님의 집, 성공한 연예인의 집처럼 보는 순간 '이상적이다', '살고 싶다'는 생각이 드는 공간이다. 당신 수입의 몇 배를 버는 상사나 사장님의 집에 초대를 받았다고 상상해보자. 사모님도 아름답고, 집도 가구도 훌륭하다. 게다가 근사한 요리까지 대접해줘서 '어떻게 하면 이런 집에서 살 수 있을까?', '이렇게 살고 싶다'는 생각이 절로 드는 공간이다.

구체적인 특징을 들어보겠다.

'성공 공간'의 특징

1. 전체적으로 깔끔한 인상이다. 들어서면 시야가 밝고, 의욕이 생긴다.
2. 눈에 보이는 곳은 어디든 청소 기술을 이용해서 깨끗하게 청소되어 있다.
3. 자신에게 필요하지 않은 물건은 방치해놓지 않는다.
4. 가구와 패브릭의 콘셉트 및 컬러가 자신의 취향에 맞추어 통일되어 있다.
5. 물건들이 여유롭게 수납되어 있다.

이 공간은 들어서는 순간 환하게 시야가 밝아지고 자신 안에 잠들어 있던 잠재적인 힘이 나오게 되는 공간이다. 언제 누가 보더라도, 갑자기 누가 방문하더라도 괜찮은 상태로 유지되어 있다. 불필요한 물건이 나와 있거나 수납공간에서 넘치는 경우도 없다. 모든 것이 있어야 할 곳에 있는 상태이다. 눈에 보이는 곳이나 틈바구니까지 깨끗하게 닦여 있다. 청결도 면에서 '누가 봐도 깨끗하다'는 기준을 달성하고 있다.

여기서 사는 사람은 향상심이 있고 명확한 인생 목표가 있다. 그리고 해야 할 일이 무엇인지를 분명히 알기 때문에 집중해서 일에 열중한다. 그리고 성공한 사람들의 공간에 들어가면 본인은 그다지 성공하지 않았더라도 향상심이 우러나서 '나도 분발해야겠다', '공부를 더 해야겠다'는 에너지가 발생하는 것을 느낄 수 있다.

'누가 봐도 괜찮다', '언제든 초대할 수 있다'는 것은 자신감이기도 하다.

또 이 레벨의 방에 사는 사람은 깨끗함에 대한 의식이 대단히 높을 뿐만 아니라, 발전적 에너지의 영향도 있어서 방을 깨끗하게 유지하기 위한 청소 기술(어떤 오염물을 무엇으로 제거하면 되는가, 효과적인 수납 방법은 무엇인가 등등)도 평상시에 늘 연구한다.

당신은 미래에 '빠른 속도로 꿈이 이루어질 것이다'

이 공간에 있는 사람은 장차 주위에서 예상하는 것보다도 빠른 속도로 마음속에 그린 비전을 차례로 이룰 것이다.

방에 물건이 많으면 무의식적으로 불필요하고 불쾌한 정보가 눈에 들어와서 에너지가 분산된다. 하지만 이 공간처럼 불필요한 물건이 없으면 에너지가 분산되지 않아 집중이 잘된다. 해야 할 일이 무엇인지 명확하게 보이므로 집중적으로 그 일에 열중하게 되는 것이고 큰 성과를 내는 것이다. 성과는 승진으로 이어지고 결과적으로 수입도 늘어나게 된다. 독립해도 사업이 잘 풀리고 장사는 번창할 것이다. 매력도도 상승하고 이 상태에서 끌어당긴 연인은 성공을 더욱 가속화시킬 것이다.

내가 기업 컨설팅을 해주고 있는 전국적으로 학원 비즈니스를 하는 V사의 점포별 매출 데이터를 본 적이 있다. 데이터를 보니 매출 상위권 학원은 모두 청소력을 확실하게 실천하고 있는 학원이었다. 학원을 방문하고 이유를 더 확실하게 알 수 있었다. 산뜻한 공간에 정리정돈이 깔끔하게 되어 있어서 어느 책장에 무엇이 수납되어 있는지를 직원 모두가 빠짐없이 파악하고 있었다. 틀림없는 성공 공간이었다.

hn 당신은 물론 주변 사람에게까지 행복의 나선을 확장하게 할 어드바이스

'성공 공간'에 있는 당신을 위한 어드바이스이다. 이 공간을 유지하는 당신은 근사한 사람이다. 충분히 행복할 것이고, 삶을 스스로 창조할 수 있다는 자신감을 느끼고 있을 것이다.

다만, 주의해야 할 점은 자신의 힘으로 여기까지 왔다고 생각해서는 안 된다는 점이다. 이것이 성공 공간을 무너뜨리는 원인이 된다. 또 일과 가정의 밸런스를 유지하려는 의식을 항상 갖고 있어야 한다. 가정을 소홀히 하고 일만 과도하게 하면 환경은 금세 난잡해져 버린다. 성공 공간에서 실패 직전의 공간으로 레벨이 한 번에 다운되는 경우를 종종 볼 수 있었다.

'내가 여기까지 올 수 있었던 것은 사람들 덕분이다'라고 겸허하게 생각하고 지금까지 이룬 성공에 감사하는 마음을 잊지 않도록 하자. 이를 위해서라도 5장에서 소개할 '환대의 공간' 만들기로 천사 공간으로의 레벨업을 도모하자.

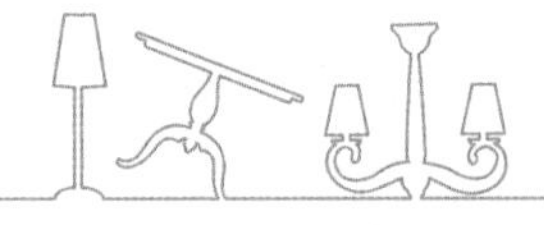

천사 공간

: 방문하는 사람을 행복하게 하는 환대의 공간 :

06

최상급의 공간이다. 천사가 내려올 듯 아름답고 상쾌한 공간이다. 이 공간을 구성하는 에너지 요소는 '조화'와 '발전 및 번영'이다. 그리고 '청소 지식과 기술'에 플러스알파로 새롭게 '환대'가 추가된다. 환대란 감동을 자아내는 접대의 에너지이다.

이 공간의 예로는 5성급 호텔을 들 수 있다. 리츠칼튼이나 만다린오리엔탈, 힐튼 계열의 호텔 등 전 세계 사람이 들어섰을 때 감동을 하는 공간이다. 디즈니랜드도 이 공간에 속한다. 마법과 꿈의 공간을 제공하고 싶다던 월트 디즈니의 말처럼 사람들은 이곳에서

꿈의 세계를 감동적으로 체험한다. 그래서 많은 사람이 이곳을 또 찾는 것이고 집으로 돌아가면서 디즈니랜드에 또 오고 싶다고 생각하는 것이다.

또 해당 종교의 신자가 아니더라도 마음이 편안해지는 종교 시설이 이 공간에 해당한다. 바티칸에 있는 성 베드로 대성당이나 일본에 있는 이세 신궁은 많은 사람이 방문하는 것만으로도 감동할 것이다.

그럼 구체적인 특징을 들어보겠다.

'천사 공간'의 특징

1. 감사하는 마음과 감동이 저절로 느껴지고 풍요로운 기분이 든다.
2. 보이지 않는 곳까지 깨끗하다(공기도 깨끗하다).
3. 자신뿐만 아니라 방문자를 위해서도 필요 없는 물건은 방치해 두지 않는다.
4. 방문자를 의식하여 콘셉트를 통일했으며, 환대가 더해진다.
5. 필요한 물건만 있으며 공간에 있는 모든 물건에 애정 어린 손길이 미치고 있다.

이 공간에 있으면 감동과 감사하는 마음이 저절로 샘솟는다. 앞서 설명한 성공 공간은 누구나가 깨끗하다고 생각하는 공간이고 완성된 공간이지만, 자신에게 편안한 공간이고 자신에게 만족스러운 공간이다.

그러나 천사 공간은 '나' 라는 의식보다는 '타인에게' 편안한 공간으로 변화된 공간이다. 여기에 사는 사람은 당연히 성공한 사람이다. 그것도 단순한 성공을 넘어서 많은 사람을 행복하게 만들어 주고 싶다는 강한 열망을 품은 성공한 사람이 사는 공간이다. 성공 공간에 살던 사람이 천사 공간에 들어가면 서비스하고 싶은 마음을 느끼게 된다.

이 공간에 들어가면 향상심이 생길 뿐 아니라 사람들을 행복하게 해주고 싶고 사람들을 좋은 방향으로 이끌고 싶다는 생각을 하게 된다. 이것이 환대의 에너지가 행하는 조화이다. 그래서 자신보다는 많은 사람에게 도움을 주고 싶어 한다.

기업의 경우에는 고객의 잠재적 니즈를 파악해 히트상품을 개발함으로써 눈 깜짝할 사이에 수십 배로 매출을 올리고 회사가 발전하기도 한다. 기업 이미지는 상승하게 되고 기업의 주가는 배가되게 된다. 가정에서는 배우자가 출세하고, 자녀의 학력이 상승한다. 또한 자녀의 출셋길이 열리며 좋은 배우자를 만나게 된다.

당신은 미래에 '많은 사람을 행복하게 만드는 기적을 일으킬 것이다'

이 공간에 있는 사람은 미래에 많은 사람을 행복하게 만드는 기적을 일으킬 것이다. '행복하게 만들어주고 싶다', '발전하는 데 도움이 되고 싶다'는 마음으로 살면 많은 행복이 돌고 돌아서 그러한 마음으로 행한 본인에게 돌아오는 현상이 끊이지 않기 때문이다. 그러므로 플러스 공간이 완성되어서 나쁜 일을 튕겨내고 좋은 일을 끌어당기므로 플러스 에너지가 더욱 증폭되는 것이다.

성공 공간에서 예로 들었던 전국적으로 학원 비즈니스를 하고 있다는 V사의 이야기이다. 매출 1위인 그 학원은 지금도 계속해서 천사 공간을 만들기 위해 노력하고 있다. 누구의 눈에도 띄지 않는 곳까지 깨끗하게 닦는 한편, 학생의 시선으로 교실을 점검하고 재배치한다. 그야말로 들어선 순간 감동할 수밖에 없는 에너지로 가득하다. 이런 학원의 매출이 1위인 건 당연한 일이다.

새로운 기적을 일으킬 어드바이스

'천사 공간' 에 있는 당신을 위한 어드바이스이다. 이 공간은 이 책을 읽는 모두가 최종적으로 성취하고 싶은 레벨의 방이다.

그러므로 이 방에 사는 당신은 이 공간을 5장에서 소개할 '버리기', '닦기', '정리정돈' 으로 유지하면서 '환대의 공간' 만들기로 한 걸음 더 나아가 감동을 주려는 노력을 게을리하지 않기를 바란다. 그런 마음가짐으로 천사 공간을 유지한다면 많은 사람을 행복하게 할 새로운 아이디어가 떠오를 것이다.

CHAPTER
3

일, 돈, 인간관계
……
당신은 성공할 수 있을까?

당신의 방은 당신의 미래를 보여준다!

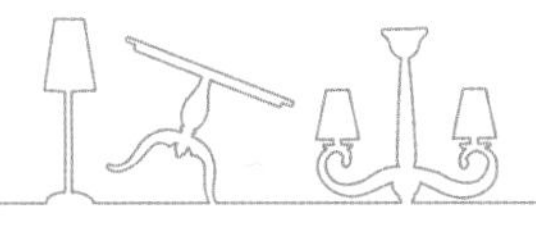

장소의 조합으로 개별운을 알 수 있다

01

지금까지 방에는 미래를 반영하고 있는 레벨이 있다는 것과 당신의 방 레벨을 진단하는 방법에 관해서 이야기하였다. 전체적인 미래는 알겠으나 "그래서 사업운은?", "돈은 들어오나?", "앞으로 우리 아이는 어떻게 되는 거지?" 등등, 당신은 미래가 궁금할 것이다.

그래서 3장과 4장에서는 개별운인 일, 금전, 인간관계, 부부, 자녀, 건강에 대해서 예측해 나가겠다.

여기서는 1장에서 이야기했던 청소력의 기본 관점인 '장소가 지니는 의미'가 열쇠가 된다(각 장소가 지니는 의미에 관해서는 《청소력으로 당신은 빛날 수 있다!》, 《도해 · 꿈을 이루는 청소력》을 참고하길 바란다. 이 두 서적은 국내에 출간되지 않았다. – 역자 주). 감정 방법은 한 장소를 다섯 가지 시점으로 살펴봄으로써 공간 레벨을 진단하는 것이다. 개별운과 연관되는 3~4개 장소의 종합평가를 통해 미래를 예측한다.

공간 레벨 진단 시트

• 당신의 방은 당신의 미래를 보여준다! •

각 장소의 '공간 레벨'을 아래의 표에 근거하여 평가한다. '분위기', '청결도', '방치도', '통일감', '물건의 양과 수납 정도'의 다섯 가지 시점으로 평가한 다음 오른쪽 칸에 A~E로 기입한다. A는 +3점, B는 +2점, C는 –1점, D는 –2점, E는 –3점으로 계산한다.
예를 들어, '분위기'=C, '청결도'=D, '방치도'=B, '통일감'=B, '물건의 양과 수납 정도'=C이면 합계 0점이므로 종합평가는 마이너스가 된다(0점인 경우도 마이너스로 본다).

구분	A	B	C	D	E	평가
분위기	감동과 감사의 마음이 솟아난다. 아이디어가 떠오른다. 풍요로운 기분이 든다. 충만감이 든다.	머리가 맑다. 시야가 밝다. 의욕이 생긴다.	(좋은 의미로든 나쁜 의미로든) 안심감이 든다. 아무 느낌도 없다.	의욕이 저하된다. 피로감이 느껴진다.	구역질, 현기증, 컨디션이 나빠진다.	
청결도	보이지 않는 곳까지 깨끗하다. 공기도 깨끗하다.	구석구석까지 깨끗하다. 기술적으로 깨끗함을 완성했다.	언뜻 보면 깨끗하지만, 잘 보면 구석에 먼지가 있고, 세제로 닦으면 닦일 듯한 오염물이 있다.	눈에 띄는 곳에 먼지와 오염물이 있다. 몇 년 동안 청소하지 않은 곳이 있다.	먼지와 오염물이 없는 곳이 없다. 최대 더러움.	

구분	A	B	C	D	E	평가
방치도	방문자를 위해 방치해 두지 않는다.	자신을 위해 방치해 두지 않는다.	버리거나 고쳐야겠다고 생각한 지 1년이 지난 물건이 3개 이상 있다.	버리거나 고쳐야 할 물건이 베란다와 창고에도 쌓여 있다.	망가진 물건, 잡동사니, 쓰레기가 공간을 구성한다.	
통일감	방문자를 의식해서 콘셉트를 통일해놓았으며, 방문자를 환영하는 분위기가 감돈다.	자기 취향에 맞추어 콘셉트를 통일해놓았다.	콘셉트에 통일감은 없지만 전체적으로 조화롭다.	콘셉트가 없고 제각각이며, 쓸 수만 있다면 뭐든지 상관없다는 인상을 준다.	파괴와 난잡함, 더러움으로 통일되어 있다.	
물건의 양과 수납 정도	필요한 물건 이외에는 없다. 모든 물건에 애정의 손길이 미치고 있다.	여유 있게 수납되어 있다.	수납공간에서 물건이 넘치고 있다.	수납공간에서 넘친 물건이 바닥에 널브러져 있어 발 디딜 곳이 없다.	물건이 공간의 밖으로까지 넘치고 있다.	
					____________ 의 공간 레벨	총___점

예를 들어 앞으로 설명할 사업운은 책상, 컴퓨터, 가방, 책장의 네 곳의 공간 레벨을 위의 '공간 레벨 진단 시트'에 근거하여 책상이 0점, 컴퓨터가 1점…… 하는 식으로 각각 진단한 다음에 네 곳의 점수를 합계하여 예측한다. 이해를 돕기 위해 종합평가를 플러스와 마이너스로 평가하도록 하였다.

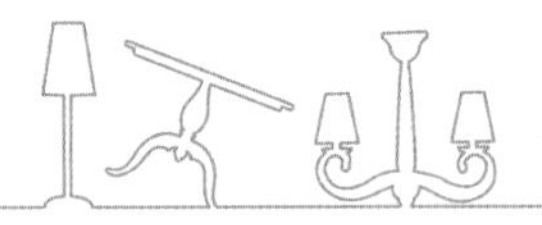

사업운은 '책상'+'컴퓨터'+'가방'+'책장'을 본다

02

이제 당신의 사업운을 체크하도록 하겠다. 일과 사업의 미래를 보여주는 곳은 책상, 컴퓨터, 가방, 책장 이 네 곳이다. 이 네 곳을 보면 앞으로 당신의 일이 어떻게 될지를 예측할 수 있다.

책상은 '도구'를 보관하는 공간이다. 컴퓨터는 '성과'를 내는 도구이다. 이것은 데스크 업무에 종사하는 사람을 위한 항목이므로, 기술 업무에 종사하는 사람은 응용이 필요하다. 나는 이전에 청소업에 종사했으므로 책상은 청소 도구를 보관하는 '청소 카트', 컴퓨터는 '청소 도구'가 될 것이다.

이처럼 응용한 다음에 114페이지의 '공간 레벨 진단 시트' 로 각각의 공간 레벨을 체크하고 점수를 매겨보도록 하자.

책상(회사): 업무 능력을 알 수 있다

책상의 공간 레벨 ________점

회사 책상을 보면 당신의 업무 능력을 알 수 있다.

업무를 처리하고 성과를 올리기 위한 도구가 모여 있는 책상은 당신의 비즈니스 상태를 선명하게 보여준다. 즉, 당신이 일에 얼마나 집중하고 있는지를 알고 싶으면 책상을 보면 되는 셈이다.

객관적으로 봐서 책상 위에 서류가 산더미처럼 쌓여 있어 너저분하다면 마이너스 공간이라고 할 수 있다. 그러면 업무 처리 능력과 속도가 점점 저하된다. 당연한 말로 들리겠지만 매일 일거리가 쌓여 가는 바쁜 상황 속에서 냉정하게 자신의 상태를 바라보는 것은 쉬운 일이 아니다. 게다가 꼭 '일이 궤도에 올랐다' 라는 생각이 들 때 책상은 마이너스 레벨로 돌입하기 시작한다. 자신은 조금 더 일해도 괜찮겠다고 생각하겠지만 이것은 업무과다 상태라는 신호이다.

또는 반대로 무기력함을 나타내기도 한다. 좀처럼 일에 집중하지 못하는 상태, 열의를 다 하지 않는 상태가 난잡함이라는 형태로 책상에 드러나는 것이다. 즉, 결론적으로 책상의 난잡함은 업무 능력의 저하를 나타낸다고 하겠다. 업무과다 상태이거나, 혹은 무기력 상태라는 것을 보여준다.

책상 위는 다른 사람의 이목을 신경 써서 정리했더라도, 서랍 속이 엉망이라면 이것도 마찬가지로 업무 능력이 저하되었다는 것을 나타낸다. 일에 대한 당신의 상태가 완벽하게 책상에 드러나는 것이다. 지저분한 상태가 지속되면 담당 업무도 이래저래 분산되어 하나같이 제대로 진행되지 않고 성과도 나타나지 않는 미래를 맞이하게 된다.

해결책은 집중을 방해하는 서류를 버리는 것이다. 서적의 4분의 1은 확인하지 않고 버려도 된다. 경영학의 아버지로 불리는 피터 드러커(Peter Ferdinand Drucker)도 똑같은 말을 하였다.

반대로 지금은 업무 성과가 나고 있지 않더라도 책상 위가 깔끔하고 책상 속에도 업무와 관련된 것만 들어 있어서 어디에 무엇이 들어 있는지가 명확하다면, 현재 일에 집중하고 있는 상태이고 업무 능력도 높다고 할 수 있다. 자신을 레벨업 시켜줄 일을 앞으로 계속해서 끌어당길 것이고 차례로 성과를 내게 될 것이다.

기술자라면 쓰고 있는 도구를 보관하는 장소를 보길 바란다. 어수선하다면 작업 효율이 떨어진 상태라는 것을 나타낸다. 나도 청소사업에 종사했을 때 청소 도구를 보관하는 장소가 흐트러지면 역시 작업 능력이 떨어지는 것을 알 수 있었다.

컴퓨터: 머릿속을 알 수 있다

컴퓨터 속의 공간 레벨 ________점

컴퓨터를 보면 당신의 머릿속을 알 수 있다. 컴퓨터의 용량은 매년 증가해서 지금은 고화질 동영상을 얼마나 저장할 수 있는가 하는 레벨에 도달하였다. 그 결과 10년 전까지만 해도 상상할 수 없을 정도로 일과 관련된 메일과 서류를 저장할 수 있게 되었다. 기술의 발달로 다양한 정보를 얼마든지 넣을 수 있게 된 컴퓨터는, 바탕화면에 아이콘을 꺼내놓지 않으면 내부가 어떤 상태인지 다른 사람으로서는 알 길이 없을 정도이다.

당신은 어느 파일이 어디에 들어 있는지 파악하고 있는가? 필요할 때 즉시 꺼낼 수 있는가? 사실 컴퓨터는 일과 관련된 당신의 머릿속 상태를 나타낸다.

파일을 정리해 두지 않아서 필요한 파일을 찾는 데 시간이 걸리거나, 어디에 저장했고 어떤 이름으로 저장했는지 전혀 기억이 나지를 않거나, 일단 무작위로 저장하는 사람은 일에서도 혼란을 겪을 것이며 집중력 분산으로 성과를 내기 어렵다는 것을 짐작할 수 있다.

파일에 태그를 붙이거나 날짜순 및 키워드 순으로 정리하는 등, 어디에 어떤 목적의 파일이 있는지 알기 쉽도록 정리하여 즉시 꺼낼 수 있는 상태로 보관하면 머릿속도 정리정돈이 된다. 항상 깔끔하고 확실해서 업무 처리가 빠르며 일에 집중이 잘되어 성과를 올릴 수 있는 상태라고 할 수 있다.

가방: 일과 생활의 밸런스를 알 수 있다
가방 속의 공간 레벨 ________점

가방 속을 보면 일과 개인 생활이 균형 잡힌 상태인지를 알 수 있다. 회사 책상은 집으로 가져올 수 없다. 하지만 가방은 당신과 함께 집과 회사를 오고 간다. 즉, 일과 개인 생활의 밸런스가 잘 나타나는 아이템 가운데 하나라고 하겠다.

가방 속에 있는 내용물을 모두 꺼내어 객관적으로 살펴보자. 업무과다로 일과 개인 생활의 밸런스가 무너지면 가방 속이 지저분해진다. 또 필요한 물건을 항상 들고 다닌다. 업무과다로 스트레스가 많은 사람일수록 가방에 물건을 가득 채워 넣고 다닌다.

예를 들어 3개월이 넘도록 다 읽지 못한 여러 권의 책, 프린트아웃한 지도, 조만간 먹으려던 사탕이나 껌과 과자, 영수증, 길에서 받은 전단, 개인적인 물건, 업무 관련 물품 등등, 뒤죽박죽인 상태로 이것들을 들고 다니는 경우가 많다. 이는 업무 스트레스가 사생활에 영향을 끼치고 있는 상태이다. 일은 왕성하게 하고 있지만 집에 돌아오면 가벼운 우울증, 불면증, 만성피로, 불규칙한 생활습관으로 몸이 아프기도 하다.

반대로 필요한 물건 외에는 들고 다니지 않아서 몸이 늘 가볍고 산뜻하다면 일은 물론 사생활도 충실한 상태라는 것을 말해준다. 일에 집중이 잘되고 성과도 나타나고 있으며, 또 취미나 스포츠도 적당히 즐기는 상태라고 하겠다.

덧붙여 가방과 마찬가지로 집과 회사를 당신과 함께 오고 가는 아이템에 핸드폰이 있다. 나는 몇 년 전에 핸드폰을 아이폰으로 바꾸고 애용하고 있다. 생각해보면 일과 개인 생활의 양면에서 핸드폰을 사용하는 시간이 많다.

나의 경우에는 아이폰에 내 업무 상태가 나타나는 듯하다. 일이 잘되고 있을 때에는 업무 효율을 높여주는 애플리케이션이 늘어나고, 반대로 업무 스트레스가 증가하면 게임 애플리케이션이 늘어난다. 핸드폰도 스마트폰이 주류가 되면서 다양한 용도로 활용할 수 있게 되었다. 그러므로 사용 시간이 긴 만큼 마음이 반영될 수밖에 없다. 가방과 마찬가지로 꼭 체크해야 한다.

책장: 지적 이노베이션 정도를 알 수 있다

책장의 공간 레벨 ________점

책장을 보면 당신의 지적 이노베이션(지적 혁명) 상황을 알 수 있다. 책장은 미래의 업무에 대한 투자 상황을 보여주는 장소이다. 전자책이 보급되고 있지만, 여전히 책을 통해 정보를 얻고 지식을 쌓는 것이 사회인에게는 필수적이다. 책장이 없거나 혹은 책장에 꽂혀 있는 책이 몇 년째 바뀌지 않고 있다면 그 사람은 사고가 정지된 상태라고 할 수 있다. 능력 정체는 일로 직결된다.

오늘날은 정보화 사회라서 그 사람에게 지적 이노베이션이 얼마나 자주 일어나는지가 평상시의 기획력, 정보 처리 능력, 판단력

등으로 나타난다. 그런 의미에서 책장은 당신의 지적 이노베이션을 드러내는 장소라 할 수 있다. 그래서 책장을 보고 미래에 업무적으로 성공할 수 있을지 없을지를 판단할 수 있는 것이다.

나 자신도 되돌아보면 능력이 정체됐던 시기가 있다. 2005년부터 청소력 관련 서적을 3년 동안 30권 이상 출간하였다. 집필에 강연활동과 경영까지 하면서 완전한 업무과다 상태에 빠지게 되었다. 결과적으로 공부할 시간을 낼 수 없었고, 책의 내용과 레벨은 떨어질 수밖에 없었다.

이때 나의 책장은 3년 간 변동이 없었다. 가끔 사거나 받은 책을 틈새에 끼워 넣거나 책장이 아닌 곳에 쌓아놓는 식이었다. 이렇게 되지 않기 위해서, 또 지적 이노베이션을 활성화하기 위해서 책장을 '근육질' 로 만들 필요가 있다.

대개는 방 사이즈에 따라서 책장 크기가 제한된다. 그러므로 책장에 책이 100권 수납된다면 항상 그 100권에 변화를 주어야 한다. 당신의 지적 수준에 맞지 않게 된 불필요한 책은 버리거나 헌책방에 팔고 새로운 정보로 채워야 한다. 그러면 책장의 책이 유동적이 되어 레벨이 상승하게 된다. 이렇게 되면 당신의 지적 베이스가 상승한 상태라고 할 수 있다. 책장의 책이 끊임없이 바뀌는 상태가 바로 책장이 '근육질' 인 상태이다.

항상 책이 유동적이어서 책장을 바라보는 것만으로도 향상심이 생기고, 새로운 발견이 있으며, 필요한 정보를 바로 얻을 수 있는 상태라면, 현재의 비즈니스 상태가 어떠하든지 미래에 끌려올 일은 당신의 능력을 최대한으로 발휘할 수 있는 일이 될 것이다.

당신의 미래 사업운을 예측할 수 있다

앞에서 설명한 것처럼 책상은 현재 일의 상태와 앞으로의 업무 능력, 컴퓨터는 머릿속, 가방은 일과 개인 생활의 밸런스, 그리고 책장은 지적 이노베이션을 나타낸다. 이 네 가지를 보면 일과 관련된 당신의 미래를 예측할 수 있다.

한 가지만으로도 상당히 구체적으로 미래를 알 수 있지만, 네 장소를 보면 미래를 보다 입체적으로 예측할 수 있다.

그럼 네 장소의 공간 레벨 진단 결과를 바탕으로 종합적으로 당신의 사업운을 예측해보자. 각 장소의 공간 레벨 점수를 모두 합산한 다음에 점수가 플러스인지 마이너스인지를 확인하면 된다.

책상 · 컴퓨터 · 가방 · 책장의 공간 레벨 합계 점수

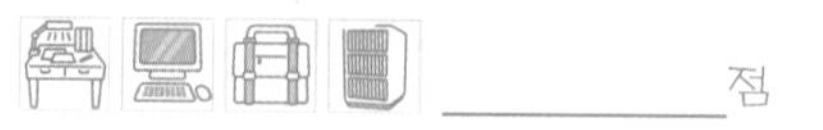
__________점

종합평가가 마이너스인 사람은 비즈니스를 앞으로 이렇게 하라

현재 의욕과 동기가 떨어져 있지는 않은가? 혹은 업무과다 상태이지 않은가? 이대로 간다면 최선을 다해서 열심히 일해도 헛수고를 하는 경우가 많고 업무 성과도 나지 않을 가능성이 크다.

이런 당신은 현재 업무 능력보다 업무량이 많거나 요구하는 업무 기술이 높아서 혼란을 겪고 있을 것이다. 집중해서 일을 처리하기 위한 우선순위를 정하지 못해서 늘 이것 찔끔 저것 찔끔하는 분산 상태에 빠져 있을 것이다. 업무 성과의 수준도 점점 떨어지게 될 것이다.

이 상태가 지속되면 업무 미스로 인해 인간관계에도 문제가 발생할 수 있다. 이대로 방치하면 해고 대상이 되거나 일자리가 없어

지는 최악의 상태까지도 갈 수 있다. 집중력 저하로 사고를 분산적으로 하게 되고 업무 성과는 점점 더 나지 않으므로 자신감이 떨어져서 우울증에 걸릴 위험이 있다. 그러므로 먼저 점수가 낮았던 장소를 '버리기'로 깨끗하게 해야 한다.

종합평가가 플러스인 사람은 비즈니스를 앞으로 이렇게 하라

플러스인 사람은 해야 할 일의 본질을 파악하고 있고, 우선순위를 알고 있으며, 해야 할 일과 버려야 할 일과 남에게 맡길 일을 명확하게 알고 있다. 그래서 일에 집중하여 성과를 내게 된다.

이런 사람은 자기 일에 만족스러운 상태에 있다. 앞으로 반드시 성과를 올리게 될 것이다. 또 새로운 일을 할 다양한 기회도 찾아올 것이다. 자신의 업무 역량을 높일 새로운 업무 기회가 찾아올 것이다.

적극적으로 도전하도록 하자. 스카우트 제의가 들어오거나 독립할 기회도 찾아올 것이다. 지금이 도전적으로 행동에 옮길 때일 수 있다. 머리가 맑고 예민해서 기회도 잘 잡을 것이고 타인의 협력도 얻을 수 있을 것이다. 일에서 자아실현을 이룰 수 있는 시기이다.

단, 점수가 마이너스인 공간이 있을 때에는 서둘러 해당 장소의 물건을 '버리고' '정리정돈' 하도록 하자. 작은 것이 계기가 되어 마이너스로 떨어질 수 있다. 매일 방문객을 환대하는 마음으로 각 장소를 청소력으로 정리하면 더 발전적인 미래를 기대할 수 있을 것이다.

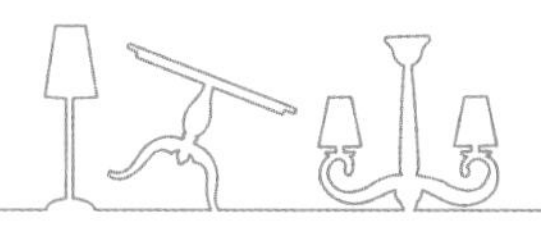

금전운은 '물건의 양과 수납 정도' + '지갑' + '화장실'을 본다

03

흔히 금전운이 드러나는 장소는 화장실이라고 말한다. 하지만 화장실만으로는 미래의 금전운을 판단하기에 충분하지가 않다. 집 전체에 있는 물건의 양과 수납 정도, 지갑, 화장실 이 세 곳을 보아야 당신의 금전운을 예측할 수 있다.

114페이지의 '공간 레벨 진단 시트'로 각각의 공간 레벨을 체크하고 점수를 매겨보자.

물건의 양과 수납 정도: 돈 관리 능력을 알 수 있다

방에 있는 물건의 양과 수납 정도 ________점

※여기에서는 115페이지의 '물건의 양과 수납 정도' 항목의 점수만을 본다. 주방과 거실을 비롯한 당신이 사용하는 집 안의 모든 공간(화장실 제외)의 '물건의 양과 수납 정도'의 점수를 내서 합산하면 된다.

집에 있는 물건의 양과 수납 정도를 보면 당신의 돈 관리 능력을 알 수 있다. 즉, 당신이 얼마나 돈을 지혜롭게 사용하는지를 알 수 있다.

물건의 '양'과 방의 '넓이', 그리고 '수납'에는 법칙이 있다. 그것은 방에 비해 물건이 적은 공간은 수입을 상승시키지만, 방에 비해 물건이 많은 공간은 만족스러운 수입을 거둘 수가 없다는 것이다.

자신이 돈을 지불하고 살 수 있는 가구, 혹은 구입할 수 있는 넓이의 집에서 물건이 넘쳐난다는 것은 수입보다 지출이 많다는 것이다. 낭비와 충동구매를 하고 있다는 것을 말해준다. 또 물건이 넘친다는 것은 정리정돈이 불가능한 상태, 즉 관리를 제대로 못하고 있는 상태를 말한다. 한마디로 비이성적인 상태라고 하겠다. 비이성적이라는 것은 돈 관리를 제대로 못하고 있다는 뜻이다.

독일의 심리학자 캐서린 K 타깃도 "수입과 바닥 면적은 비례

한다"고 말하였다. 수입이 높으면 높을수록 바닥 면적이 넓어지고, 적으면 적을수록 바닥 면적이 좁아진다는 것이다. 하지만 집이 넓어도 물건이 넘치면 바닥 면적이 좁아져 빈곤으로 나아가게 되고, 집이 좁아도 바닥 면적이 넓으면 풍요로 나아가게 되는 것이다.

참고로 드라마 촬영에 사용할 부잣집 세트장을 만들 때도 넓은 거실에 소파와 고급스러운 느낌의 가구를 설치할 뿐, 그 밖의 물건은 세팅하지 않는다고 한다. 가난한 집을 만들 때는 그 반대라고 한다. 예를 들어 약 10㎡(약 3평)의 방에 공간을 많이 차지하는 전기탁상난로를 설치하고 나머지 바닥 공간에도 닥치는 대로 물건을 까는 것이다. 책장에도 이런저런 물건을 잡다하게 욱여넣고, 바닥을 물건으로 가득 메우면 가난한 사람의 집이 완성된다고 한다. 그리고 실제로도 그렇다.

그러므로 방의 넓이와 수납공간을 고려해서 물건의 양을 결정하고, 무엇이 필요하고 무엇이 필요하지 않는지의 관점으로 물건을 구매하면, 점점 이성적이 되어 돈을 현명하게 사용하게 된다. 그러면 효율적인 돈 관리를 할 수 있다.

지갑: 돈을 대하는 자세를 알 수 있다

지갑의 공간 레벨 ________점

지갑을 보면 당신이 돈을 대하는 자세를 알 수 있다. 돈에 대한 애정도를 알 수 있다. 지갑은 돈을 넣는 공간이라서 돈에 대한 경건한 마음(소중하게 생각하는가, 사랑하는가)과 감사하는 마음이 지갑에 드러난다.

나는 일전에 '지갑을 감정한다'는 기획의 한국 텔레비전 방송에 출연한 적이 있다. 지갑을 찍은 사진만 보고 감정한다는 취지의 프로그램이었는데, 사진을 보는 것만으로도 '이 사람은 여태까지 계속 가난했겠군', '이 사람은 앞으로 부자가 되겠다'라는 것을 알 수 있었다.

'지갑이 너덜너덜하고 지저분하지는 않은가?', '포인트 카드와 영수증으로 가득 차 있지는 않은가?', '지폐를 가지런하게 정돈해서 넣어두었는가?'를 보면 그 사람이 앞으로 가난해질지 부자가 될지를 알 수 있다.

그전에도 중국에서 지갑 감정을 한 적이 있는데 지갑 주인이 돈을 얼마나 사랑하는지가 잘 드러나 있었다. 돈을 대하는 자세가 지갑에 나타나는 것은 만국 공통이라는 것을 실감할 수 있었다.

나는 청소력을 알기 전에 인생의 밑바닥을 경험한 적이 있다. 가장 빚이 많았을 때 썼던 지갑은 몇 년 전에 2,000엔을 주고 산 너덜너덜하게 낡아빠진 지저분한 지갑이었다. 그 지갑에는 포인트 카드가 잔뜩 들어 있었다. 조금이라도 포인트를 쌓아서 이득을 보고 싶었기 때문이다. 당연히 여러 종류의 카드로 분산됐기 때문에 포인트는 쌓이지 않았다. 영수증도 다 넣고 다녔다. 나중에 가계부에 붙이려고. 지갑은 확실하게 실패 직전의 공간이었다.

나는 지갑에 돈을 쓰는 건 허튼짓이라고 생각하였다. 돈이라고 해도 실상은 종잇조각이기 때문이다. 그것을 보관하는 용기니까 비닐 봉투라도 상관없다고 생각하였다.

하지만 돈은 단순한 종잇조각이 아니다. 가치를 내포한 에너지이다. 부자가 될 가능성이 있는 사람일수록 돈이 없을 때부터 지갑에 돈을 쓰는 경우가 많다. 그런 사람은 돈에 감사한다. 소중하게 생각하기 때문에 지갑에 돈을 쓰고 깨끗하게 유지하는 것이다.

또 이미 부자인 사람의 지갑에는 불필요한 것이 들어 있지 않다. 포인트 카드도 많이 들어 있지 않다. 들어 있다고 해도 '이 가게의 포인트 카드만큼은 가지고 다녀야지' 하는 식으로 핵심적인 몇 개만 들어 있다. 영수증도 정기적으로 지갑에서 꺼내 정리한다. 앞에서 말한 '물건의 양과 수납 정도'와 일맥상통한다. 즉, 돈을 제대로 관리하고 있다는 것이고, 돈을 매니지먼트 하고 있다는 뜻이다.

화장실: 돈을 끌어당기는 에너지를 알 수 있다

화장실의 공간 레벨 ________점

화장실을 보면 돈을 끌어당기는 체질인지 아닌지를 알 수 있다. 화장실은 배설하는 장소로 당연히 더럽기 때문에 누구나 청소하고 싶어 하지 않는다. 그러나 화장실 바닥을 닦다보면 서서히 '화장실이 있기 때문에 쾌적한 생활이 가능한 거야. 화장실이 없다면 얼마나 불편했을까? 모든 것이 화장실 덕분이야'라는 겸허한 마음이 들게 된다.

청소력에서는 '화장실은 그야말로 당신의 신전입니다'라고 가르친다. 사람들은 처음에 의아해했지만, 화장실을 청소한 뒤로 많은 기적이 일어났다는 연락을 받았다. 이는 겸허와 감사의 마음을 가진 사람을 신이 편애하기 때문이라고 생각한다. 겸허와 감사 없이는 돈을 늘 끌어당기는 것은 불가능하다.

겸허는 '덕분에'라는 마음이다. 이 마음이 생길 때 당신은 크게 변화될 것이다. 예를 들어 회사라면 다른 직원들이 있기 때문에 내가 일을 꾸려갈 수 있는 것이고, 손님이 있기 때문에 회사가 유지될 수 있다는 마음이다. 감사는 겸허에서 자연스럽게 나온다. 모두의 덕분이라는 생각에서 '감사하다'는 마음이 생긴다. '나 혼자서는 아무것도 할 수 없어'라는 마음이다.

이런 마음을 지닌 사람을 리더가 본다면 어떨까? 성과를 내고도 "팀원들 덕분이죠", "손님이 찾아와주신 덕분입니다", "이 회사에서 일할 기회를 얻을 수 있었던 게 행운이죠"라는 태도를 보인다면 '이 사람을 더 밀어줘야겠다'는 생각이 들 것이다. 승진할수록 업무 성과를 팀원의 능력과 상사의 지원 덕분이라고 여기는 사람은 어디에서든 출세할 것이고 급료도 오를 것이다.

그래서 금전운이 올라가는 것이다. 겸허와 감사의 마음을 가진 사람은 어디를 가든 환영을 받는다. 그래서 화장실 청소를 하면 금전운이 상승하고 기적처럼 좋은 일이 생긴다고 말하는 것이다.

당신의 미래 금전운을 예측할 수 있다

이야기한 바와 같이 물건의 양과 수납 정도는 돈을 얼마만큼 컨트롤 하고 있는가를, 지갑은 돈을 대하는 자세를, 화장실은 돈을 끌어당기는 체질인가를 나타낸다.

한 가지만으로도 상당히 구체적으로 미래 금전운을 알 수 있지만, 세 가지를 보면 미래를 보다 입체적으로 예측할 수 있다.

세 가지 포인트(물건의 양과 수납 정도, 지갑, 화장실)의 점수를 모두 합산한 다음에 그 점수가 플러스인지 마이너스인지를 확인하자.

물건의 양과 수납 정도 · 지갑 · 화장실의 공간 레벨 합계 점수

____________점

종합평가가 마이너스인 사람의 금전운은 앞으로 이렇게 된다

현재 금전상에 문제가 있지는 않은가? 종합평가가 마이너스인 사람은 금전적으로 부정적인 악순환 상태에 빠져 있다. 돈 사용을 조절하지 못하며 관리하지 못하는 상태이다.

이대로라면 지출을 거듭하고 가난을 계속해서 끌어당길 것이다. 돈을 잃어버리거나, 돈을 빌려서까지 쇼핑을 하거나, 크게 지출할 일이 생기거나, 사기를 당하거나, 도둑을 맞는 등 돈이 없어질 상황이 발생할 것이다.

그러므로 먼저 점수가 낮았던 장소를 '버리기'와 '닦기' 청소력으로 깨끗하게 청소해야 한다.

종합평가가 플러스인 사람의 금전운은 앞으로 이렇게 된다

현재 돈과 관련된 그 어떤 스트레스도 없을 것이다. 이런 사람은 재정 상태가 앞으로 훨씬 더 좋아질 것이다. 돈을 제대로 관리하며, 어디에 무엇이 필요한지를 명확하게 알아서 쓸데없는 지출을 하지 않기 때문이다.

또 돈에 감사하므로 돈을 소중하게 쓴다. 동시에 돈을 끌어당기는 선순환이 일어나서 부수입과 같은 예상치 못한 돈도 들어오게 된다. 또 수입이 늘어날 만한 직업을 갖게 되거나 상업을 번창시킬 히트 상품 아이디어가 떠오르는 등 돈과 관계되는 기회가 많아질 것이다.

단, 점수가 마이너스인 공간이 있을 때에는 해당 장소를 서둘러 '버리기'와 '닦기' 청소력으로 관리하도록 해야 한다. 사소한 일로 돈을 지출할 일이 발생할 수 있다. 또 매일 타인을 환대하는 마음으로 각 공간을 정돈한다면 더욱 발전을 기대할 수 있을 것이다.

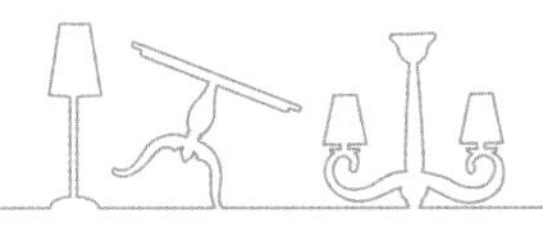

사람운은 '화장실'+'세면대'+'창문'+'현관'을 본다

04

사회에서는 사람과 관계하지 않고 살아갈 수 없다. 그래서 누구나 인간관계가 원만하기를 바란다. 인간관계의 미래를 보여주는 장소는 화장실, 세면대, 창문, 현관 이 네 곳이다.

화장실과 세면대는 타인과 사회를 어떻게 생각하고 있는지를 보여준다. 창문과 현관은 타인과 사회를 어떤 태도로 대하고 있는지를 보여준다.

이 장소를 보면서 당신의 미래 인간관계를 예측해보도록 하겠다. 114페이지의 '공간 레벨 진단 시트' 로 각각의 공간 레벨을 체크하고 점수를 매겨보자.

화장실: 타인을 어떻게 생각하는지를 알 수 있다

화장실의 공간 레벨 ________점

화장실은 앞에서 설명한 것처럼 겸허와 감사의 마음을 상징하는 공간으로 인간관계에서도 중요한 장소이다. 화장실을 보면 타인을 어떻게 생각하는지를 알 수 있다.

사람은 혼자서 살아갈 수 없다. 주변 사람들의 도움을 받으며 살고 있다는 겸허와 감사의 마음을 가졌는지의 여부에 따라 인간관계는 결정된다.

겸허의 반대는 '오만' 이다. 오만한 태도는 자기중심적인 이야기와 자랑, 타인과의 협조와 존중을 무시한 태도로 나타난다. 이런 태도는 주변 사람과의 조화를 흩뜨린다.

감사의 반대는 '충족되지 않은 상태' 와 '부족한 상태' 이다. 상대에게 지나치게 기대하고 기대한 것을 얻지 못하면 불만을 품는다. 그리고 불만은 험담과 뒷말로 이어진다. 이것도 인간관계를 파괴하는 원인 가운데 하나이다.

주변 사람에게 감사하는 마음을 잃으면 순식간에 화장실이 더러워진다. 이 공간이 더럽다는 것은 주변 사람에게 오만하며 불만스러운 태도를 취하고 있다는 것이다. 화장실을 청소하면 자연스럽게 주변 사람에 대한 겸허와 감사의 마음이 생긴다. 인간관계도 개선할 수 있고 그와 더불어 금전운, 그리고 파트너와의 관계도 좋아진다. 나아가서는 기적이 일어난다.

세면대: 어떤 관계를 맺고 있는지를 알 수 있다

세면대의 공간 레벨 ________점

세면대를 보면 주변 사람과 어떤 인간관계를 맺고 있는지를 알 수 있다. 스트레스 없는 건전한 관계를 맺고 있는지, 아니면 의존하고 있는지, 농락당하고 있는지, 지나치게 신경을 써서 스트레스를 받고 있는지 등을 알 수 있다.

인간관계란 사심이나 의존, 불필요한 긴장과 거짓이 없이 자연스러운 마음 상태로 서로를 접할 때 가장 좋은 관계를 구축할 수 있는 것이 아닐까.

세면대는 얼굴을 씻고, 머리를 빗고, 이를 닦는 등 당신의 기초를 만드는 곳이다. 또 씻은 후의 본연의 상태이자 자연 상태 그대로의 당신을 비춘다. 세면대의 거울이 더럽거나, 각종 화장품과 헤어제품이 거울을 가리고 있거나, 배수구가 막혔거나, 물때로 지저분하다면 본래의 자신의 모습을 상실한 채 거짓된 모습으로 살고 있다는 것을 나타낸다. 거짓으로 꾸민 모습으로 다른 사람과 관계하면 무리하면서까지 지나치게 상대방에게 맞추거나 참으면서 인간관계를 맺게 된다. 이것이 인간관계의 부조화라는 형태로 나타나는 것이다.

덧붙여서 화장실이 더러워지면 마찬가지로 서서히 세면대도 더러워진다. 또한 여성의 경우에는 화장하는 화장대도 같은 의미를 지니므로 같이 체크하면 참고가 될 것이다.

창문: 사람과 거리를 적당하게 잘 유지하는지를 알 수 있다

창문의 공간 레벨 ________점

창문을 보면 사람과 거리를 적당하게 잘 유지하는지를 알 수 있다. 창문은 집 안에서 밖을 내다보는 공간이며 밖에서 집을 들여다볼 수 있는 공간이다. 인체에 비유하면 눈에 해당한다.

눈을 보면 그 사람을 알 수 있다고 한다. 창피하면 눈을 똑바로 바라보지 못하고, 자신이 없으면 아래를 내려다보며, 좋아하는 것이나 좋아하는 사람을 바라볼 때는 눈이 빛난다. 이처럼 눈은 마음을 외부로 드러내기도 하고, 반대로 외부에서 눈을 통해 마음 상태를 판단하게도 한다.

집의 창문도 마찬가지이다. 외부로 마음을 표현하는 공간이기 때문에 마음이 열려 있는지 닫혀 있는지를 나타낸다. 몇 년 동안 창문을 닦은 적이 없고 창틀에도 먼지가 쌓여 있다면 인간관계로 마음이 지쳐서 사람에게 마음을 닫은 상태라고 할 수 있다.

마음을 닫고 있는 상태란 사람과 적당한 거리를 유지하지 못하고 있는 상태이다. 등교를 거부하는 아이, 백수, 우울증 환자는 창문을 닫는 경향을 보인다. 온종일 커튼을 치고 있거나 심하면 박스로 창문을 막아버리기도 한다.

또 서비스업을 비롯하여 사람을 대하는 일에 종사하는 사람은 자기도 모르는 사이에 사람에게 지치는 경우가 있다. 표면적으로는 사람을 거부하지 않으나 잠재적으로는 사람에게 받은 스트레스로 사람들을 멀리하게 된다.

그러나 창문이 깨끗하면 자신의 마음도 안정되어 있고, 외부에도 관심이 있다는 것을 말해준다. 또 사람과 거리를 유지하는 방법,

균형을 유지하는 방법, 사람을 접하는 방법 등을 잘 조절하고 있다는 것을 말해준다. 사교적인 사람, 사람을 사귀는데 능숙한 사람, 사람과 거리를 적당하게 잘 유지하는 사람의 창문은 투명하고 깨끗하다.

창문을 깨끗하게 유지하면 새로운 인맥이 생기거나, 자신의 이익과 행복의 균형을 잘 유지하는 사람을 만나게 될 것이다. 덧붙여 창문 주변이 지저분하면 방범에도 문제가 생길 수 있다. 외부의 마이너스 요인을 끌어당겨서 도둑이 들 가능성이 커지므로 주의해야 한다.

현관: 사람을 대하는 태도를 알 수 있다

현관의 공간 레벨 ________점

현관을 보면 어떻게 사람을 대하고 있는지, 어떤 태도를 취하고 있는지를 알 수 있다. 나도 모르게 취하는 태도까지도 알 수 있다. 현관은 사람으로 말하면 입에 해당하는 부분이다. 창문과 마찬가지로 내부와 외부가 접촉하는 곳이며 에너지의 출입구이다.

또 당신의 마음과 생각을 비롯한 모든 내면이 드러나는 장소이다. 감사와 겸허를 드러내는 화장실과 본연의 마음 상태를 비추는 세면대가 더럽고, 사람과의 관계를 보여주는 창문이 계속 닫혀 있다면, 밖으로 나갔다 들어왔다 하는 현관도 반드시 너저분하고 더럽다. 이런 사람은 오만함, 거짓된 마음, 타인을 대하는 태도 등이 말 한 마디 한 마디에서 드러난다.

하지만 드물게 화장실과 세면대는 깨끗한데 현관만 더러운 경우가 있다. 이 경우라면 사람을 대하는 당신의 태도와 표현 방식을 조금은 생각해볼 필요가 있다. '사람은 좋은데 험담을 하는(태도가 나쁜)' 타입일 수 있다.

현관은 방문객이 처음으로 보는 장소이다. 타인을 대접하는 서비스 의식과 환영의 마음으로 청소력을 실천한다면 어떤 태도로 사람을 접해야 할지 알 수 있을 것이다.

당신의 미래 사람운을 예측할 수 있다

화장실과 세면대는 타인과 사회를 어떻게 생각하고 있는지, 창문과 현관은 타인과 사회를 어떤 태도로 대하는지를 보여준다. 이 네 장소를 살펴봄으로써 당신의 미래 인간관계를 예측할 수 있다.

하나를 보는 것만으로도 상당히 구체적으로 사람운을 알 수 있지만, 네 장소를 보면 미래를 보다 입체적으로 예측할 수 있다.

각 장소의 공간 레벨 점수를 모두 합산한 다음에 점수가 플러스인지 마이너스인지를 확인하자.

화장실 · 세면대 · 창문 · 현관의 공간 레벨 합계 점수

_____________점

종합평가가 마이너스인 사람의 사람운은 앞으로 이렇게 된다

현재 인간관계 문제로 고민하고 있거나 혹은 스트레스를 받고 있지는 않은가? 내심 자기 생각만 하고 있지는 않은가? 자기만 생각한 나머지 거짓된 자신을 연기하며 감정을 솔직하게 표현하지 않는 상태일 것이다. 그로 인해 사람과의 거리를 적당하게 유지하지 못하고 오해를 불러일으키는 태도를 취하기도 할 것이다.

이런 사람은 앞으로 인간관계에서 배신, 질투, 시기심, 의심, 욕망 등을 느끼게 될 것이므로 주의해야 한다. 사람과의 트러블이 금전운, 사업운, 가정운을 비롯한 모든 면에 영향을 끼침으로 개선해야 한다.

우선 화장실과 현관을 정리하고 점수가 낮았던 장소를 '닦기' 와 '정리정돈' 청소력으로 관리해야 한다.

종합평가가 플러스인 사람의 사람운은 앞으로 이렇게 된다

현재 좋은 사람들과의 만남과 인연에 둘러싸여서 축복받고 있음을 실감하고 있지 않은가? 앞으로 좋은 인연이 더욱 큰 자산이 되어 금전운과 사업운으로 발전하게 될 것이다. 인간관계의 선순환이 현관으로 들어와서 화장실, 세면대, 창문이 더욱 깨끗해지는 것으로 나타날 것이다.

단, 점수가 마이너스인 공간이 있을 때에는 서둘러 해당 장소를 '닦기' 와 '정리정돈' 청소력으로 관리해야 한다. 사소한 일로 인간관계는 무너지기도 한다. 타인에 대한 환대 의식으로 각 장소를 정돈하면 인간관계의 원(圓)은 더욱 확장되어 당신의 인생에 커다란 결실로 안겨줄 것이다.

CHAPTER
4

건강, 부부, 자녀

……

당신 인생의 기반은 앞으로 어떻게 될까?

당신의 방은 당신의 미래를 보여준다!

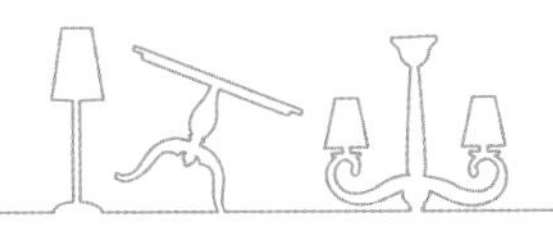

건강운은 '샤워실'+'침실'+'냉장고'를 본다

01

건강은 인생의 전부라고 해도 과언이 아니다. 집중해서 일하는 것도, 연애하는 것도, 돈을 버는 것도, 가정을 행복하게 유지하는 것도 건강 없이는 불가능하다.

하지만 건강은 돈으로 살 수 있는 것은 아니다. 하루하루의 생활을 거듭거듭 쌓아서 얻을 수 있다. 나도 마흔을 넘기고 나서야 정말 건강이 중요하다는 것을 깨달았다.

건강운이 나타나는 장소는 샤워실, 침실, 냉장고 이 세 곳이다. 이 세 곳을 보면 당신의 미래 건강운을 예측할 수 있다.

114페이지의 '공간 레벨 진단 시트'로 각각의 공간 레벨을 체크하고 점수를 매겨보자.

샤워실: 피로도를 알 수 있다

샤워실의 공간 레벨 ________점

샤워실을 보면 당신의 피로도를 알 수 있다. 얼마만큼 지쳤고 얼마만큼 쉬고 싶은지를 알 수 있다. 샤워실은 하루의 피로를 씻어내는 장소이다. 샤워실이 물때와 곰팡이로 얼룩져 있다는 것은 청소할 여유가 없고 바쁘다는 걸 의미한다. 그러나 샤워실은 바쁘고 피곤하더라도 가장 깨끗하게 관리해야 한다. 왜냐하면 샤워실은 몸을 깨끗하게 함과 동시에 하루의 피로를 푸는 공간이기 때문이다.

일을 마치고 집으로 돌아와서 따뜻한 물에 몸을 담그면 하루의 모든 긴장이 풀린다. 그러나 샤워실이 더러우면 마음도 편하지 않고 여유롭게 욕조에 몸을 담그며 목욕도 할 수 없다. 이런 생활이 지속하면 몸에는 피로가 점점 쌓이게 된다. 만성피로와 스트레스를 해소하지 못하는 것은 물론, 우울증 증상이 나타날 수도 있다.

반대로 샤워실이 청결하고 산뜻하다는 것은 피로 해소를 잘하고 있다는 것을 나타낸다. 샤워실이 청결하면 마음도 상쾌해지고 샤워실에 오래 있고 싶어진다. 아로마향을 즐기거나 책을 읽으며 반신욕을 즐기면 땀도 충분히 배출할 수 있고 몸도 가벼워진다.

이처럼 바쁜 일상 속에서도 빼놓지 않고 샤워와 바스타임을 챙기는 마음가짐을 가지면 미래에도 건강한 생활을 유지할 수 있다.

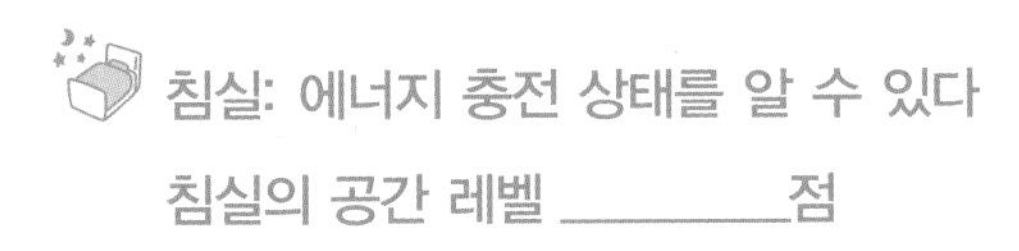

침실: 에너지 충전 상태를 알 수 있다

침실의 공간 레벨 ________점

침실을 보면 당신의 에너지 충전 상태를 알 수 있다. 수면을 잘 취하고 있는지, 얼마나 에너지 충전을 하고 있는지를 알 수 있다. 침실 서랍장 위에는 물건이 쌓여 있고, 옷장에서는 옷이 넘치며, 조명 기구와 가구에는 먼지가 잔뜩 쌓였고, 수면과 상관없는 물건들이 침구 주변에 있다면 침실은 마이너스 공간으로 변해간다.

그러면 잠버릇이 나빠지고 숙면도 취하지 못하게 된다. 당연히 아침에 일어나기가 힘들다. 학교와 직장에는 지각하게 되고, 머리가 맑지 않아 학업과 업무에 집중이 안 되어 생산성이 점점 떨어진다. 피곤한 몸으로 하루를 보내고 다시 어수선한 침실로 돌아오면 그제야 눈이 말똥말똥해진다. 밤늦도록 잠이 오지 않고 숙면을 취하지 못하는 악순환이 되풀이된다.

이는 잠재의식에 암시가 걸리기 때문이다. 잠들기 전과 잠에서 깬 직후는 잠재의식에 암시가 가장 잘 걸리는 시간이라고 한다. 잠재의식에 무질서한 마이너스 공간을 각인하면, 동일한 에너지를 지닌 마이너스 사건을 인생에 불러들이게 된다. 이런 생활이 반복되면 건강한 생활을 유지할 수 없다.

내가 이상적으로 생각하는 침실은 호텔 방이다. 숙면을 제일 중요하게 생각하고 방을 꾸미기 때문에 불필요한 것을 두지 않는다. 베개 하나를 살 때도 확실한 기준을 가지고 신중하게 판단하여 선택한다. 호텔에 따라서는 고객에게 맞추어 베개를 바꿔주기도 한다. 침대도 편안하게 심신이 충전되도록 까다롭게 고른다. 그래서 일류 호텔에 가면 잠이 잘 온다. 머리가 베개에 닿기가 무섭게 잠이 든다고나 할까.

이처럼 침실이 깨끗한 플러스 공간이면 몸에 필요한 에너지가 충전되어 아침에 눈이 잘 떠지고 항상 생기발랄하며 적극적으로 삶을 살게 된다.

냉장고: 영양 상태를 알 수 있다

냉장고의 공간 레벨 ________점

냉장고 안을 보면 당신의 영양 상태를 알 수 있다. 건강에 유익한 올바른 식생활을 하는지, 아니면 건강을 해치는 무질서한 식생활을 하는지가 냉장고에 나타나기 때문이다.

한 건강전문지의 취재 요청을 받았을 당시에 담당 편집자에게 들은 이야기이다. 한번은 냉장고 안을 체크하는 '당신의 냉장고를 보여주세요' 라는 기획을 한 적이 있다고 하였다. 공통으로 몸매가 좋은 사람과 건강한 사람은 냉장고 청소를 잘해서 먹다 남은 음식이나 음식물 흘린 자국 없이 깨끗했었다고 한다.

그리고 무엇보다 놀라웠던 것은 보관 중인 식료품의 양이 대단히 적었다고 한다. 냉장고 내부 공간이 훤하게 여유가 있었으며, 명확하게 정리해놓아서 어디에 무엇이 있는지가 한눈에 들어왔다고 하였다.

반대로 뚱뚱한 사람과 건강하지 않은 사람의 냉장고 안은 몇 개월이 지나도록 청소를 하지 않은 상태였다고 한다. 바닥에 쏟아진 액체가 딱딱하게 굳어서 고체로 변해 있는 경우도 있었다고 한다. 또 식료품이 꽉꽉 차 있었으며, 썩은 음식과 유통기간이 지난 음식이 들어 있었고, 정리정돈도 안 되어 있었다고 한다.

이 이야기를 통해서도 알 수 있듯이 냉장고의 공간 레벨을 보면 식생활 조절 여부를 알 수 있다. 냉장고가 더럽고 마이너스 레벨이면 건강을 생각하지 않는 식사를 하고 있다는 것이다. 즉, 몸의 건강보다는 자기가 좋아하는 것만 먹고 있다는 것을 보여준다.

냉장고가 깨끗하고 플러스 레벨이면 식생활을 잘 조절하고 있으며 건강을 위한 균형 잡힌 식사를 하고 있다는 것을 알 수 있다. 그러므로 필요한 양만큼만 구매하게 되고 요리하여 버리지 않게 된다. 결과적으로 식비 절약으로도 이어진다. 또 식료품이 적으므로 흘리거나 음식물이 묻으면 바로 알 수 있고, 정기적으로 내부 청소를 하기도 쉽다.

이처럼 냉장고가 깨끗하다면 당신의 몸은 미래에도 질병에 지지 않을 건강한 신체를 갖게 될 것이다. 반면 냉장고가 더럽다면 당신의 몸은 영양 불균형으로 내장 비만이 촉진되어 성인병의 길을 걷게 될 것이다. 매일의 사소한 차이이지만 쌓이면 그 결과는 매우 큰 차이로 나타나게 될 것이다. 당신의 건강의 미래는 지금 사용하고 있는 냉장고에 나타나 있다는 것을 기억하자.

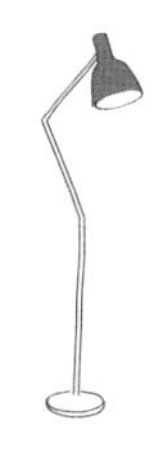

당신의 미래 건강운을 예측할 수 있다

샤워실은 피로도를, 침실은 에너지 충전 상태를, 냉장고는 당신의 영양 상태를 보여준다. 이 세 장소를 보면 당신의 미래 건강 상태를 예측할 수 있다.

한 곳을 보는 것만으로도 상당히 구체적으로 건강운을 알 수 있지만, 세 장소를 보면 보다 입체적으로 미래를 예측할 수 있다.

그럼 각각의 공간 레벨 결과를 바탕으로 종합적으로 미래의 건강운을 예측하도록 하겠다. 각 장소의 공간 레벨 점수를 모두 합산한 다음에 점수가 플러스인지 마이너스인지를 확인하자.

샤워실 · 침실 · 냉장고의 공간 레벨 합계 점수

__________점

종합평가가 마이너스인 사람의 건강운은 앞으로 이렇게 된다

현재 건강 상태가 그다지 양호하지 않을 것이다. 이대로 간다면 신체 밸런스가 무너질 것이다. 잠버릇이 나빠지고, 잠을 깊이 자지 못하며, 아침에 눈을 뜨기가 힘들고, 몸에 피로가 그대로 남아서 불쾌감을 느낄 것이다.

칼로리 과다 섭취에 따른 체중 증가, 메타볼릭 신드롬(대사증후군), 혹은 반대로 거식증이 올 가능성도 있다. 체력 저하로 저항력도 떨어질 것이다. 집중력이 떨어져서 다치거나 사고가 날 수도 있다. 우울증 및 내장 기관 질환이 올 수도 있다.

이런 사람은 먼저 점수가 낮았던 장소를 '닦기'와 '정리정돈'으로 깨끗하게 해야 한다.

종합평가가 플러스인 사람의 건강운은 앞으로 이렇게 된다

현재 이미 기운이 넘치고 있지는 않은가? 앞으로 기력, 체력, 집중력의 모든 면에서 건강이 양호할 것으로 예측된다. 이 세 장소가 플러스 레벨이라는 것은 건강에 흥미와 관심을 두고 늘 신경 써서 관리한다는 것을 나타낸다. 지금처럼 유지해 나가는 것이 좋다.

건강한 미래를 위해 투자를 충분히 하는 당신은 기력, 체력, 집중력이 더욱 좋아져서 사업운, 금전운, 연애운도 상승하게 될 것이다. 성공의 행운으로 인해 바빠지면 더욱 건강운을 불러들일 수 있도록 아로마 캔들을 욕조에 띄우고, 입욕제를 잘 선택하여 사용하며, 침실에도 습도를 조절할 수 있도록 가습기를 설치하고, 편안하게 잠들 수 있도록 아로마와 침대를 바꾸고, 또 조명의 밝기를 어둡게 조절하며 더욱 건강에 신경 쓰도록 해야 한다. 그러면 오래도록 행복을 유지하면서 계속 성공해 나갈 수 있을 것이다.

단, 점수가 마이너스인 공간이 있을 때에는 서둘러 해당 장소의 물건을 버려야 한다. 사소한 것이 계기가 되어 건강이 나빠질 수 있기 때문이다. 또 매일 당신 가족의 건강에도 유의하면서 각 장소를 관리한다면 더욱 발전을 기대할 수 있을 것이다.

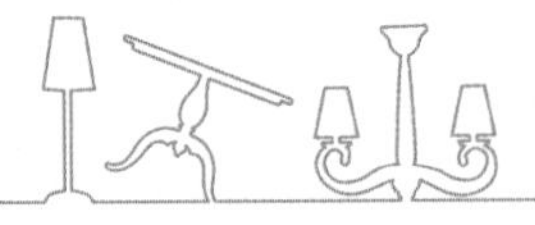

부부운은 '화장실+공용 공간'+'거실'+'침실'을 본다

02

부부의 미래는 화장실+공용 공간, 거실, 침실 이 세 장소에 나타난다. 이 장소는 모두 두 사람이 반드시 매일 사용하는 공간이다. 또 침실과 거실은 함께 시간을 보내는 공간이다. 이곳의 공간 레벨을 살펴봄으로써 점점 더 사이가 좋아질지, 반대로 마음이 통하지 않게 되어 섹스리스나 바람, 이혼과 같은 최악의 시나리오로 전개될지를 예측할 수 있다.

114페이지의 '공간 레벨 진단 시트'로 각각의 공간 레벨을 체크하고 점수를 매겨보자.

화장실+공용 공간: 서로를 생각하는 마음을 알 수 있다

화장실+공용 공간의 공간 레벨 ________점

화장실을 중심으로 공용 공간을 살펴보면 부부가 서로를 어떻게 생각하는지를 알 수 있다. 공용 공간은 두 사람이 매일 사용하는 공간이다.

화장실은 미래와 관련되는 공간으로 앞에서도 여러 번 등장했는데, 이 공간은 겸허와 감사를 나타낸다. 화장실을 보면 겸허한 마음과 감사하는 마음을 지닌 사람이 사는 집인지, 아니면 오만하고 자아가 강한 사람이 사는 집인지를 알 수 있다. 부부관계가 좋은지 나쁜지는 두 사람이 겸허와 감사의 마음을 가졌는지 그렇지 않은지와 관계가 있다.

우리 집 화장실은 매일 아내가 깨끗하게 청소한다. 화장실에 들어갈 때마다 자연스럽게 감사하는 마음이 생긴다. 더럽히지 말아야겠다는 마음도 동시에 든다. 더럽혔을 때는 바로 서로가 깨끗하게 청소한다.

부부관계가 좋을 때는 세면대 수도꼭지에서 물이 조금씩 흘러도 '꽉 안 잠갔네. 바빴나 보다' 하고 이해한다. 한 사람이 이런 마음을 가지면 신기하게도 다른 한 사람도 똑같이 배려하게 된다. 상대

방을 위해서, 그리고 가족을 위해서 깨끗하게 유지하려고 한다.

그러나 부부가 서로를 비난하면 화장실을 포함한 공용 공간이 순식간에 더러워진다. 더러워도 그대로 방치하게 되고 감사와 배려하는 마음이 식어 '더럽혀놓고 왜 청소를 안 해', '더럽게 쓰고 난리야'라며 말없이 서로를 비난하게 된다.

내가 감정할 때는 화장실을 포함하여 세면대와 현관을 비롯하여 공용 공간을 다 돌아본다. 부부 사이가 좋지 않은 가정은 반드시 공용 공간이 더럽다. 그래서 "여기가 더럽네요"라고 말하면 "거기는 남편이 청소하는 데예요", "그건 아내가 더럽힌 거예요"라며 꼭 상대방 탓을 한다. 감사하는 마음과 배려하는 마음을 잃으면 부부 사이는 당연히 나빠질 수밖에 없다. 오해도 많아지고 다툼도 잦아진다. 그로 인해 바람이나 이혼으로 발전하기도 한다.

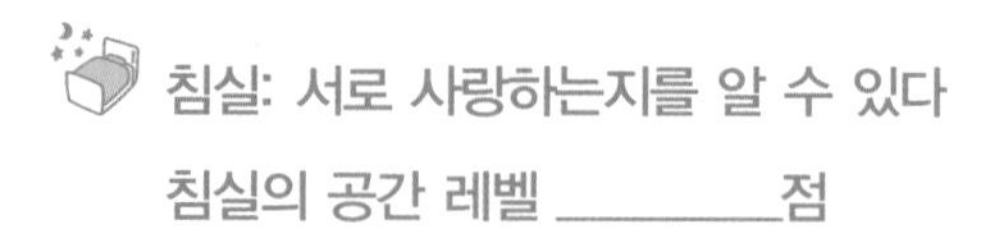

침실: 서로 사랑하는지를 알 수 있다
침실의 공간 레벨 ________점

침실을 보면 부부가 서로 사랑하고 신뢰하고 있는지를 알 수 있다. 평상시에 그다지 의식해본 적이 없겠지만 사람은 잘 때 누구나 무방비한 상태가 된다. 따라서 침실의 절대 조건은 바로 안심할 수 있는 공간이어야 한다는 것이다.

당신에게 살의를 품은 사람이 침실에 같이 있다면 어떻게 숙면을 취하겠는가. 그 사람이 남편이라고 해도 잠자리를 같이할 수 없을 것이다. 서로 신뢰관계가 있지 않고서는 불가능한 일이다. 서로를 미워하는 부부는 같은 공간에 상대방이 있는 것만으로도 고통스럽다. 서로 침묵하고 있어도 계속 비난당하고 있는 기분이 들기 때문이다.

침실은 에너지를 충전하기 위한 공간이다. 즉, 몸과 마음의 긴장을 푸는 곳이다. 그러므로 싫어하는 사람과 같이 있고 싶지 않은 것은 당연하다. 싫은 사람이 옆에 있으면 안심하고 잘 수가 없다. 그래서 사이가 좋지 않은 부부는 침실을 따로 쓴다.

침실이 어지러우면 부부 사이에 문제가 있다는 것을 알 수 있다. 예를 들어 침실에 책이나 불필요한 물건이 있으면 부부간에 대화가 없고 사랑이 식어 있다는 것을 말해준다. 부부 문제로 상담을 많이 받는 것이 섹스리스라고 한다. 불편한 관계로 마음이 편하지 못해 늘 피곤한 상황에 있기 때문에 잠을 자도 에너지 충전도 되지 않아 당연히 섹스리스가 되는 것이다.

불필요한 물건 없이 숙면을 취할 수 있는 환경이 조성되면 두 사람 모두 몸과 마음이 편안해서 에너지 충전과 애정 교환이 잘되어 서로 신뢰하는 관계가 되는 것이다.

거실: 가족이 화목한지를 알 수 있다

거실의 공간 레벨 ________점

거실을 보면 부부와 가족이 조화를 이루고 있는지를 알 수 있다. 방의 중심인 거실은 '심장'에 해당한다. 심장이 전신으로 혈액을 보내는 것과 마찬가지로 거실은 각 방에 에너지를 보내는 역할을 한다. 그 에너지원은 가족의 중심인 부부가 형성한다. 부부 사이가 나빠지면 휴식 공간인 거실에 같이 있으려고 하지 않는다. 거실에 불만스러운 마음만을 남겨둔 채 각자 방으로 들어가 버린다.

그러면 거실에 마이너스 자장이 형성되어 귀찮아져 물건을 한 번 꺼내면 꺼낸 채로, 옷을 벗으면 벗은 채로 그대로 방치하게 되고, 또 그런 일로 상대방을 비난하며 불만을 마구 발산하는 장소로 변해간다. 서로를 존중하는 마음이 사라져서 날이 갈수록 집 안은 더욱 난잡해진다.

반대로 거실이 깨끗하면 깨끗할수록 부부관계는 화목해지고 더욱 좋아진다. 조화의 에너지가 각 방과 가족의 인생으로 흘러들어간다. 부부 중 한 사람이라도 '휴식할 수 있는 공간을 만들어주고 싶다', '잠시라도 마음 놓고 쉴 수 있는 공간을 만들어주고 싶다' 고 생각하면 거실은 플러스 공간으로 변해간다.

이런 공간에서는 어떤 현상이 나타나겠는가? 잡동사니와 먼지가 없어 모든 곳이 깨끗하고 공기도 상쾌해진다. 그 공간에 들어가면 상대방의 마음도 편해져서 감사하는 마음이 우러나게 된다. 부부와 가족 전체가 화목하게 되고 행복하게 된다.

당신의 미래 부부운을 예측할 수 있다

화장실을 중심으로 하는 공용 공간에는 겸허와 감사의 마음으로 서로를 대하고 있는가, 침실에는 서로 사랑하는가, 거실에는 부부가 원만하고 가정이 화목한지가 나타난다.

한 곳을 보는 것만으로도 상당히 구체적으로 부부의 미래를 알 수 있지만, 세 곳을 보면 보다 입체적으로 미래를 예측할 수 있다.

그럼 각각의 공간 레벨 결과를 바탕으로 종합적으로 당신 부부의 미래를 예측하도록 하겠다. 각 장소의 공간 레벨 점수를 모두 합산한 다음에 점수가 플러스인지 마이너스인지를 확인하자.

화장실+공용 공간 · 침실 · 거실의 공간 레벨 합계 점수

공용 ____________점

종합평가가 마이너스인 부부는 앞으로 이렇게 된다

현재 당신은 아내(남편)에게 '왜 나를 이해해주지 않지?'라는 마음을 품고 있지 않은가? 이대로라면 두 사람의 마음은 더욱 멀어질 것이다. 설령 아직은 부부 싸움으로 발전하지 않았더라도 침실에서는 부조화가 일어나고 있다는 것을 알아야 한다.

더러울수록 말다툼이 끊이지 않으며 서로 헐뜯고 비난하는 사이가 된다. 이런 상황이 지속되면 최악의 사태로 진흙탕 싸움인 가정폭력이 일어나거나, 바람, 별거, 이혼 등의 애증극으로 발전하게 된다.

그러므로 먼저 점수가 낮은 곳을 '버리기'와 '정리정돈'으로 깨끗하게 해야 한다. 특히 좋은 에너지가 순환되도록 거실은 항상 환

기에 신경 써야 한다.

종합평가가 플러스인 부부는 앞으로 이렇게 된다

현재 당신은 아내(남편)를 깊이 신뢰하고 있을 것이다. 앞으로 계속 사이좋게 서로에게 좋은 영향을 주며 발전해 나갈 수 있을 것이다. 이 기회에 부부의 유대를 더욱 공고히 하기 위해 두 사람의 공통된 비전을 설정해보는 것도 좋다. 둘이서 하나의 목표와 비전을 분명하게 정하고 노력하면 실현 속도도 빨라지고 유대도 더욱 돈독해질 것이다.

업무에서도 서로 더 많은 성과를 낼 것이며 서로 서포트 하는 관계를 구축해 나갈 것이다. 부부의 힘이 하나로 모인 상태이므로 같이 사업을 시작한다면 파트너가 좋은 참모관이 되어 발전하고 번영할 수 있을 것이다. 또 부부관계가 원만하므로 자녀를 갖기에도 좋은 시기이고, 부부에게 이미 아이가 있다면 아이의 미래도 안정될 것이다.

단, 점수가 마이너스인 공간이 있을 때에는 서둘러서 해당 공간을 '버리기' 와 '정리정돈' 으로 관리하면 된다. 사소한 일로 부부관계에 균열이 생길 수 있기 때문이다. 매일 아내(남편)에게 감사하는 마음으로 각각의 장소를 관리한다면 두 사람 모두 더욱 발전을 기대할 수 있을 것이다.

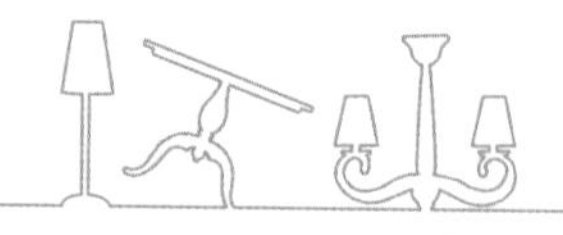

아이의 미래는 '어린이 방'+'책상'+'소지품'+'거실'을 본다

03

부모에게 아이가 순조롭게 성장하는 것보다 더 큰 행복은 없을 것이다. 반면 문제를 일으키거나 성적이 좋지 않거나 말을 잘 듣지 않을 때는 '부모로서 실격인 건 아닐까?' 하며 자신을 책망하고 고민하게 된다.

미래를 알면 내 아이를 더 좋은 방향으로 이끌 수 있다. 여기에서는 아이가 앞으로 어떻게 될지를 어린이 방, 책상, 소지품, 아이에게 부모가 어떤 영향을 미치고 있는지를 보여주는 거실 이 네 곳을 통해 살펴보겠다.

114페이지의 '공간 레벨 진단 시트'로 각각의 공간 레벨을 체크하고 점수를 매겨보자.

어린이 방: 아이 마음의 전체적인 모습을 알 수 있다
책상의 공간 레벨 ________점

'당신의 방은 당신 자신이다.' 이것이 청소력의 기본적인 관점이다. 마찬가지로 '어린이 방은 어린이 그 자신이다.' 즉, 어린이 방을 보면 어린이 마음의 전체적인 모습을 알 수 있다. 어린이 방을 보는 것만으로도 부모는 객관적으로 아이의 상태를 파악할 수 있다.

방에 여러 가지가 널브러져 있어 늘 방 정리를 하라고 야단친다면, 아이는 집중력이 부족한 경향이 있으며 고민이 있거나 혹은 부모에게 스트레스를 받는 상태이다. 점점 더 너저분해진다면 고민이나 문제가 심각해지고 있는 것일 수도 있으므로 주의해야 한다.

반대로 어린이 방이 항상 가지런하게 정돈되어 있다면 순조롭게 성장하고 있다는 것을 나타낸다. 심적 안정이 방에 드러난 것이다. 깨끗하게 방을 유지하면 에너지 순환이 플러스 방향으로 나아가는 것이다. 이런 아이는 인간관계, 공부, 동아리 활동에 균형을 이루게 된다. 이처럼 어린이 방이 플러스 공간인지 마이너스 공간인지를 부모로서 객관적으로 살펴보면 앞으로 다가올 아이의 미래를 예측하고 좋은 방향으로 이끌 수 있다.

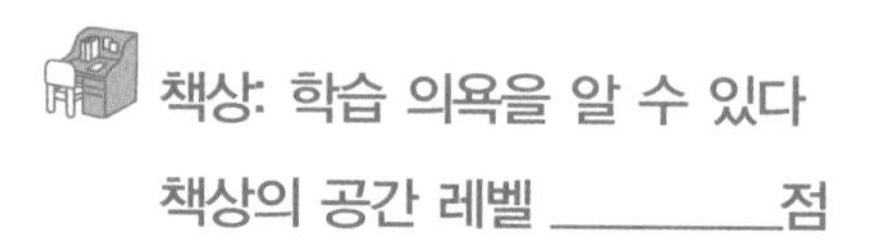

책상: 학습 의욕을 알 수 있다

책상의 공간 레벨 ________점

책상을 통해 어린이의 학습 의욕을 알 수 있다. 예를 들어 어린이 방이 깨끗하더라도 책상이 너저분하면 전체적으로는 원만하더라도 학습에서는 집중력이 부족하며 의욕이 없는 상태이다. 이를 간과하면 아이의 성적이 순식간에 떨어질 수도 있다.

이 점을 알고 부모가 아이에게 주의를 시키면 표면상으로 책상을 깨끗하게 할 수 있다. 하지만 반드시 기억해야 하는 점은 보이지 않는 책상 서랍 속이 정리정돈 되어 있지 않으면 학습 의욕이 정체되어 있다는 것이다.

반면 책상이 정리정돈이 잘되어 있으면 공부에 집중하고 있다는 것을 알 수 있다. 학교 수업에도 뒤떨어지지 않고 공부에 대한 본인의 마음도 조화를 이루고 있는 상태, 즉 공부와 학습에 재미를 느끼고 있는 상태이다. 설령 현재는 성적이 좋지 않더라도 책상과 책상 속이 깨끗하면 성적은 앞으로 올라갈 것이다.

소지품: 부모에게 보이지 않는 마음을 알 수 있다
소지품의 공간 레벨 ________점

아이의 소지품을 보면 좀처럼 부모에게 보여주지 않는 마음을 알 수 있다. 아이의 소지품이 엉망이면 부모에게 말할 수 없는 고민(친구 문제나 공부 등)이 있거나, 부모에게 스트레스를 받고 있다는 것을 알 수 있다. 부모가 아이에게 엄하게 하여 아이가 부모의 말을 잘 듣더라도 스트레스가 소지품에 나타난다.

초등학생은 책가방을 메고 학교와 집을 오간다. 그래서 집에서 받은 스트레스와 학교에서 받은 스트레스가 책가방 속으로 나타난다. 노트의 글씨가 엉망이거나, 가방 속이 지저분하거나, 학교생활과 관계없는 개인 물품이 잔뜩 들어 있을 수 있다. 또 노트와 교과서가 찢어져 있지는 않은지, 낙서가 되어 있지는 않은지를 체크하면 내 아이가 학교에서 왕따를 당하고 있는지도 알 수 있다.

방이 깨끗하고 책상의 물건들이 정돈되어 있더라도 이처럼 세세한 부분에서는 정반대의 상황이 나타나는 사례도 있으므로 주의하여 살펴야 한다.

반면 노트에 필기가 깨끗하게 되어 있으며, 낙서도 없고, 가방 속에도 필요한 물건 이외에는 들어 있지 않다면 마음이 안정된 상태이므로 아이는 문제가 없다.

당신이 아이를 사랑한다면 아이의 방을 전체적으로 체크하고 정기적으로 소지품도 확인하여 아이를 바르게 이끌어주어야 할 것이다.

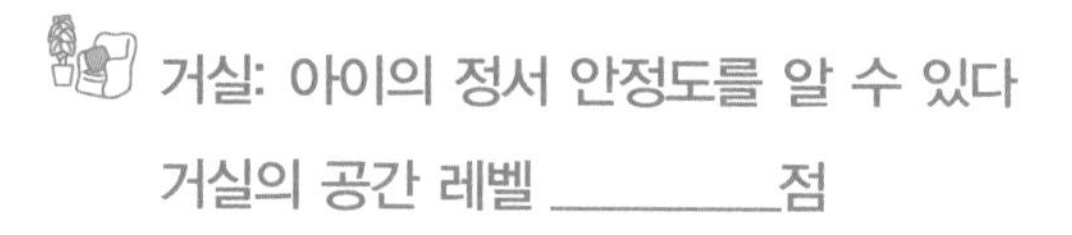

거실: 아이의 정서 안정도를 알 수 있다

거실의 공간 레벨 ________점

거실을 통해 아이의 정서가 안정되어 있는지 아닌지를 알 수 있다. 가족이 함께 사용하는 거실은 부모가 아이에게 어떤 영향을 끼치고 있는지를 보여준다.

거실은 부부운에서 말한 것처럼 가족과 가정의 심장에 해당한다. 그래서 가정에서도 특히 부부가 화목한지를 나타낸다. 부부관계는 아이에게도 크게 영향을 미친다.

부부 사이가 좋지 않으면 아이가 정서불안이 될 가능성이 크다. 반대로 부부 사이가 좋으면 아이는 순조롭게 성장한다. 부부의 마음이 서로 통하고 늘 사이가 좋으면 아이의 마음이 안정되어 학업에 집중을 잘하고 또래와 잘 어울리면서 건강하게 성장한다.

당신 아이의 미래를 예측할 수 있다

어린이 방은 아이 마음의 전체적인 모습을, 책상은 학습 의욕을, 소지품은 부모가 모르는 아이의 세밀한 마음을, 그리고 거실은 부부관계가 영향을 끼치는 아이의 정서 상태를 보여준다.

한 가지를 보는 것만으로도 구체적으로 아이의 미래를 알 수 있지만, 네 가지를 모두 살펴보면 보다 입체적으로 아이의 미래를 예측할 수 있다.

그럼 각각의 공간 레벨 결과를 바탕으로 종합적으로 아이의 미래를 예측해보도록 하겠다. 각 장소의 공간 레벨 점수를 모두 합산한 다음에 점수가 플러스인지 마이너스인지를 확인하자.

어린이 방 · 책상 · 소지품 · 거실의 공간 레벨 합계 점수

___________점

종합평가가 마이너스인 아이는 앞으로 이렇게 된다

현재 당신은 아이 문제로 고민하고 있지는 않은가? 성적 저하, 왕따, 비행, 등교 거부, 질병, 부상, 사고에 주의해야 한다. 아이는 잠재적으로 SOS 신호를 보내고 있다. 부모로서 확실하게 손을 내밀어 주어야 하는 시기이다. 아이 입장에서 고민을 들어주어야 한다.

여기서 중요한 것은 결코 부모인 당신이 어린이 방을 청소하거나 책상을 가지런하게 하거나, 가방 속을 정리해서는 안 된다는 것이다. 그것은 근본적인 해결책이 아니다. 아이의 마음을 바꾸고자 하는 당신의 마음이 표출된 행동일 뿐이다. 자신의 아이라도 마음을 지배할 수는 없다. 우선 부모로서 할 수 있는 것은 자신들의 마음이 반영된 공간, 부부의 미래를 보여주는 공간을 중심으로 개선

하는 것이다. 반드시 순서를 틀지 않도록 주의해야 한다.

종합평가가 플러스인 아이는 앞으로 이렇게 된다

현재 당신의 아이는 순조롭게 잘 성장하고 있다. 학교 성적이나 인간관계 등 전체적으로 균형이 잘 잡혀 있으며 마음이 안정되어 있다. 아이가 자신의 잠재력을 더 잘 발휘할 수 있도록 뒤에서 지원해 주도록 하자.

단, 아이의 방을 정기적으로 체크했을 때 마이너스 공간이 있는 경우에는 주의가 필요하다. 이때 부모로서 할 수 있는 일은 부부의 미래를 보여주는 공간을 중심으로 개선해 나가는 것이다. 또 부모가 청소력을 실천하면 자연히 아이도 이를 보고 배운다. 당신이 청소력을 실천한다면 아이는 점점 더 빛날 것이다.

CHAPTER

5

스스로 미래를 바꾸는 청소력

당신의 방은 당신의 미래를 보여준다!

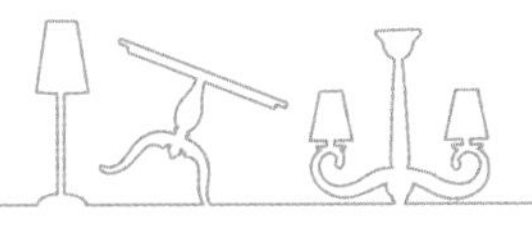

마이너스 씨앗을 제거하고, 플러스 씨앗을 뿌리자

01

지금까지 미래를 알기 위해 방에 드러난 마음 상태를 감정하고 앞으로 일어날 미래를 예측해보았다.

방에 드러난 마음은 식물의 씨앗과 같다. 식물의 씨앗도 전문가가 아니면 씨앗을 보는 것만으로 그것이 무슨 식물의 씨앗인지 알지 못한다. 싹이 나와서 꽃이 피고 열매를 맺어야 그제야 무슨 씨앗인지를 알 수 있다. 방의 상태도 마찬가지이다.

부정적인 마음을 뿌리면 방이 오염되는 싹이 튼다. 그리고 머지않아 사건 사고와 불행이라는 마이너스한 미래가 열매를 맺는다.

지금까지 설명한 미래 예측 방법인 방의 레벨 체크와 개별적인 운세 감정법은 방에 뿌려진 씨앗(방에 나타난 마음 상태)을 감정하는 방법이다. 나는 청소 전문가로 일을 하며 씨앗 감정법을 경험을 통해 배웠다. 그것이 지금까지 설명한 미래 예측 방법이다.

원예 전문가가 가르쳐주면 무슨 씨앗인지를 알 수 있는 것과 마찬가지이다. 이 책을 읽으면서 당신도 당신의 미래가 보이기 시작했을 것이다. 그리고 점술 및 영능력과는 전혀 다른 미래 예측 방법이란 것을 이해했을 것이다. 미래가 보인다면 이제 앞으로 할 일은 간단하다. 스스로 미래를 바꿔나가자.

아마도 당신은 지금까지의 미래 예측으로 사건 사고와 불행을 비롯한 마이너스 열매를 맺는 열매를 발견했을 것이다. 해결책은 방에 뿌려진 마이너스 열매를 제거하는 것이다. 그것으로 충분하다. 제거하는 방법은 이미 알 것이다. 그렇다. 바로 청소력을 실천하는 것이다. 청소력으로 마이너스 씨앗을 제거하기만 하면 된다. 그러면 비로소 마이너스 자장이 소멸할 것이다.

청소력만 잘 실천해도 당신의 방 레벨은 올라갈 것이다. 만약 실패 직전의 공간이었다면 안심 공간으로, 안심 공간이었다면 성공 공간으로, 성공 공간이었다면 천사 공간으로. 이렇게 레벨업 되면 생각과 마음이 달라질 것이고, 그 레벨에 따라 플러스의 자장이 끌어들이는 행운을 당신은 만끽하게 될 것이다.

마이너스 씨앗을 제거하는 청소력

방에 뿌려진 마이너스 씨앗을 제거하는 방법, 즉 방에 반영된 마음이 형성한 마이너스 자장을 제거하기 위해서는 다음의 다섯 가지 단계가 중요하다.

1. 환기
2. 버리기
3. 닦기
4. 정리정돈
5. 소금 뿌리기

이 순서로 실천함으로써 마이너스한 미래를 불러들이는 씨앗을 제거할 수 있다. 그러면 산뜻하고 말끔한 플러스 공간이 완성된다.

우선은 ① '환기'가 대단히 중요하다. 청소력을 실천하기로 결심하였다면 반드시 창문을 활짝 열고 밖의 신선한 공기를 받아들여야 한다. 먼지와 사람이 내뿜는 이산화탄소 및 열을 밖으로 내보낼 뿐만 아니라 마이너스 자장도 몰아낼 수 있다. '청소해야 하는데……' 하고 생각은 하는데도 도저히 의욕이 나질 않거나, 급격하게 피로가 느껴질 때가 있지 않은가. 이것도 오염물에서 나오는 마이너스 자장 때문이다.

실제로 물건을 버리고 닦는 행위는 운동량 이상으로 많은 정신에너지를 소모한다. 그러나 환기를 먼저 하면 원만하게 청소를 시작할 수 있을 것이다. 마이너스 자장을 밖으로 몰아내고 플러스 자장을 받아들이는 환기는 최악의 마이너스 공간인 최대 위험 공간에서 사는 사람은 물론, 물론 플러스 공간인 최상의 천사 공간에서 사는 사람도 매일 실천하는 것이 좋은 기본적인 청소력이다.

⑤ '소금 뿌리기'는 청소력의 옵션과 같은 테크닉이다. 공간을 정화하기 위해 볶은 소금을 뿌렸다가 청소기로 빨아들이는 것이다. 공간이 무척이나 산뜻해지지만 기종에 따라서는 청소기가 고장이 날 수도 있고, 융단 틈새에 박히면 잘 빠지지 않는다는 보고도 있으므로 조심하는 것이 좋다.

소금 뿌리기에 대한 기본적인 설명은 《꿈을 이루는 청소력》을 비롯한 지금까지 출판한 그 밖의 다른 서적에서 다루었으므로 상세한 내용은 기존의 서적을 참고하면 된다.

그럼 지금부터 2장에서 다루었던 방의 레벨에 따라서 '버리기', '닦기', '정리정돈'을 실천하는 방법과 천사 공간으로 만들기 위한 '환영 공간'에 대해서 상세하게 설명하도록 하겠다. 앞에서 진단한 방의 레벨과, 3장과 4장에서 분석한 각 공간의 레벨을 개선하는 데 유용하게 이용하길 바란다.

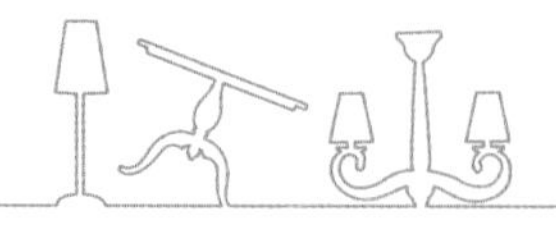

버리기

02

'버리기' 에는 에너지를 끊어내는 힘이 있다. 그 공간에 형성되어 오래도록 끊어낼 수 없었던 마이너스 자장을 끊어내는 힘이 '버리기' 에는 있다. 잡동사니를 한 번에 다 버림으로써 지금까지 끊어낼 수 없었던 부정적인 연쇄 작용과 라이프스타일을 뿌리째 뽑아버릴 수가 있다. 그로 인해 최악의 상태에서 일단 벗어날 수 있게 되는 것이다.

"탈피하지 못하는 뱀은 죽는다"는 말이 있다. 며칠 전에 투구게(Japanese horseshoe crab)가 탈피하는 장면을 텔레비전으로 봤는데, 투구게도 뱀과 마찬가지로 탈피하지 않으면 성장하지 못하고 죽는다고 한다. 탈피로 성장하는 생물은 낡은 피부나 껍질을 벗어버리지 않으면 성장하지 못하고 죽는다는 것이다. 그리고 탈피는 그 자체로 엄청나게 에너지를 소모하는 생사가 걸린 중대사이다.

지나치게 많은 물건을 소유해서 쓸모없는 잡동사니가 돼버린 물건과 함께 마이너스 자장을 끌어안고 사는 삶이란 것은, 탈피하지 못해서 이미 마음이 죽어버린 상태라고 해도 과언이 아니다. 탈피와 마찬가지로 물건이 많으면 많을수록 물건을 버릴 때도 많은 힘이 필요하다.

하지만 버리기에 성공하면 마치 다시 태어난 것처럼 확실하게 인생이 호전된다. 최대 위험 공간, 실패 직전의 공간, 안심 공간에 있는 사람은 무엇보다 먼저 '버리기'를 실천해야 한다.

남의 손을 빌려서라도 버리고, 버리고, 끝없이 버려라!

'최대 위험 공간'은 잡동사니로 가득하며 오염물도 닦지 않은 채 몇 년째 그대로이다. 따라서 아주 확고한 각오와 에너지가 필요하다. 인생을 걸고 마이너스 에너지와 투쟁과 격투를 벌어야 하므로 혼자서는 도저히 불가능하다. 대개는 도전하기도 전에 미리 포기한다. 또는 이미 스스로 버려야 한다는 판단이 불가능한 상태이다. 그러므로 다른 사람의 힘을 빌리는 것이 가장 빠른 해결책이다.

친구나 친척 가운데 부탁할 사람이 있다면 그것도 좋고, 다양한 사례를 경험한 전문가를 부르는 것도 좋다. 어쨌든 '한시라도 빨리 이 공간에서 빠져나가겠다'는 강한 결의가 있어야 한다. 그다음 판단은 온전히 도움을 주는 사람들에게 맡겨야 한다. '무엇을 버리더라도 항의하지 않겠다'라고 글로 쓸 것을 추천한다. 다만, 당연한 이야기지만 버리지 않도록 인감 및 귀중품은 한곳에 모아두도록 한다. 모든 것을 다 맡기겠다는 각오로 인생을 만회하길 바란다. 좌우간 버리고, 버리고, 또 버려라.

A '언젠가'도 버리고 '그때'도 버리면 레벨업 할 수 있다

'실패 직전의 공간'의 방은 발 디딜 곳이 없을 정도로 이미 여러 물건으로 가득 차 있다. 이 공간에 있는 사람은 간신히 스스로 판단할 수 있는 상태이다. 여기서 자신을 레벨업 하기 위해서는 당신을 방해하는 잡동사니를 버려야 한다. 버린 뒤 비로소 자신이 레벨업이 되었다는 것을 느낄 것이다.

그 상태에서 다시 보면 버릴 물건이 또 보일 것이다. 짧아졌지만 아직 쓸 수 있다는 생각에 남겨둔 연필과 작아진 지우개, 몇 달 전에 산 잡지, 누군가에게 받은 밥그릇 등, 이것도 버려야 한다.

그리고 이 공간 레벨에 있는 사람은 과거와 미래에 집착하는 경향이 있다. '그때는 참 좋았는데', '즐거웠지' 등 과거의 영광과 달콤한 추억에 사로잡혀 있어 미래지향적인 생각을 할 수 없다. 오히려 과거의 실패와 좌절로 상처받았던 사건과 말을 계속 반추하는 상태에 빠지게 된다. 그러므로 과거의 추억과 관련된 물건, 트로피와 상장, 옛날 남자친구나 여자친구의 사진 등은 모두 버려야 한다.

'나중에 쓸 거야', '언젠가 필요할 거야'라는 것도 흔히 듣는 물건을 버리지 않는 이유이다. 그 '언젠가'는 도래한 적이 한 번도 없다. '언젠가'는 영원히 미정이다. 그것을 남겨두고 싶은 마음은 다름 아닌 미래에 대한 불안과 도피 때문이다. 그래서 그 불안과 도피 자장이 불러들인 어두운 미래가 실현되는 것이다. 그로 인해 다시금 '언젠가' 쓸지도 모를 물건을 버릴 수 없는 악순환이 발생하게 된다.

이처럼 과거와 미래에 속박된 상태에 빠져 있는 경우가 많으므로 '과거의 추억과 관련된 물건'과 '언젠가'라는 말이 붙는 물건은 버리도록 한다. 이는 현재를 살지 않고 과거를 살거나, 미래로 도망가려는 자세이다. 사람은 태어날 때 아무것도 가지고 태어나지 않는다. 당당하게 약 3킬로그램의 알몸으로 태어난다. 그리고 죽을 때도 아무것도 소유하지 않은 채 돌아간다. 이 사실을 마음으로 깊이 이해하고 실천에 임하길 바란다.

레벨업을 방해하는 잡동사니를 버리고, 미래에 대한 기대도 버리고, 과거의 실패와 추억이 담긴 물건도 버릴 때 현재를 살아갈 힘이 솟아나게 된다. 이 힘이야말로 미래를 창조하게 할 힘이다.

펜은 몇 자루나 가지고 있는가?
필요한 물건과 양을 명확하게 하면 버릴 수 있다

'안심 공간'에서 '성공 공간'으로 레벨업 하기 위해서는 성공 공간에 사는 사람의 상태를 알아야 한다. 성공 공간에 사는 사람은 자신에게 필요한 물건과 양을 분명하게 알고 있다. 물건을 살 때도 충동적으로 구매하지 않고 자신에게 필요한 것인지 필요하지 않은 것인지를 판단해서 계획적으로 구매한다.

그래서 소유물이 적으며 물건이 절대 넘치지 않는다. 모든 소유물에 '왜 갖고 있는가?' 하는 이유를 명확하게 알고 있기 때문이다. 이 공간으로 레벨업 하기 위해서는 지금 당신이 소유하고 있는 물건의 존재 이유를 확인해보도록 하자. '나는 이것을 왜 갖고 있는가?' 하고 자신에게 물을 필요가 있다.

나는 세미나에서 곧잘 이런 이야기를 한다. "집에 있는 펜을 전부 모아보세요. 볼펜과 연필, 유성펜을 비롯한 모든 필기도구를 모아보세요." 모았더니 볼펜이 30자루였다고 하자. "왜 30자루가 필요한가요?" 하고 물으면, 대부분 "그냥 어쩌다 보니까 그런데요"라고 말을 한다. 나는 그 사람들에게 '어쩌다 보니까'를 다 정리해 버리라고 말한다.

몇 자루나 필요한가를 명확하게 하도록 하자. 자신에게 볼펜은 몇 자루가 필요한지, 형광펜은 무슨 색하고 무슨 색이 필요한지, 그 밖에는 또 무엇이 필요한지를 분명하게 하자. 당신이 무엇을 위해 몇 자루가 필요한지를 분명하게 알 때 다음 단계인 성공 공간으로 레벨업 할 수 있다. 예를 들었던 펜처럼 셔츠와 넥타이, 정장, 속옷 등의 의류도 마찬가지이다. 가방과 메이크업 용품, 우산 등도 마찬가지이다. 무엇을 위해 그 개수만큼을 소유해야 하는지 명확해야 한다.

당신이 가지고 있는 모든 물건을 명확하게 하라. 머리가 맑아지면서 자신이 명확하게 보이기 시작할 것이다. 그러면 당신의 강점이 나타난다. 무엇을 위해 무엇을 할 것이고, 자신의 강점을 사용해서 앞으로 집중적으로 무엇에 착수할 것인지가 명확해진다. 방도 성공 공간으로 레벨업이 될 것이다.

닦기

03

오염물이란 먼지와 곰팡이, 녹, 얼룩 등을 말한다. 먼지와 곰팡이를 제거함으로써 마음속의 불평불만을 일소할 수 있다. 불평불만이 일소되면 스트레스도 없어지고 문제를 해결할 방법도 알게 된다.

오염물이라는 원인을 제거하는 행동을 통해 결과적으로 본래의 깨끗한 상태로 돌아오는 것이다. 이것을 반복함으로써 이성적이고 논리적인 사고가 가능해지고, 문제인 불평불만의 원인이 자신에게 있다는 것을 깨닫게 된다.

예를 들어 '급료가 적어서 못 해먹겠다' 는 불만이 있다고 할 때,

급료가 오르지 않는 원인을 잘 생각해보면 업무에서 성과를 내지 못하고 있는 자신 때문이라는 것을 알게 될 것이다. 인간관계에서 불화를 일으키고 있는 것도 자신이고, 나아가 사회에 공헌하지 못하고 있는 것도 자신이라는 것을 깨닫게 된다.

이것을 깨달으면 불평불만보다는 문제를 해결해야겠다는 방향으로 의식을 전환하게 될 것이다. 또 불평불만을 하는 것이 이성적으로 생각했을 때 얼마나 미래에 마이너스한 것들을 끌어당기는 일인지도 알게 될 것이다.

먼지를 닦아내면 당신 마음에 끼었던 그을음과 응어리가 제거되어 마음의 평화와 지금까지 잊고 있던 안정감과 조화를 회복하게 된다. 실패 직전의 공간, 안심 공간에 있는 사람은 '버리기'와 함께 '닦기'를 실천하도록 하자.

우선순위와 세분화로 오래된 오염물을 제거하라

'실패 직전의 공간'에는 물건뿐만 아니라 오래된 오염물도 그대로 방치되어 있다. 서랍장과 냉장고 위, 가구 위와 뒤의 틈바구니에 먼지가 가득 쌓여 있을 것이다. 또 조명 기구의 위, 침대 아래 등 통상적으로는 일 년에 한 번 정도 하는 대청소 날에 제거하는 오염물도 몇 년째 제거를 게을리한 상태일 것이다.

불만과 미래에 대한 무기력한 당신의 마음이 먼지와 오염이란 형태로 나타난 것이다. 실제로 먼지는 당신을 기능 정지 상태로 만든다. 그러므로 당신은 당신의 마음에 쌓인 응어리와 상쾌하지 않은 기분을 싹쓸이하겠다는 다짐으로 닦기를 실천하길 바란다.

어디서부터 손대야 할지 모르는 사람은 일단 우선순위를 정하고, 그다음에 다시 세분화하여 오염물을 닦아 나가도록 한다.

예를 들어 1 거실, 2 주방, 3 침실……과 같이 우선순위를 정하고, 거실 가운데서 제일 먼저 테이블 위, 그다음은 카펫, 그다음은 텔레비전 위……와 같이 세분화하여 오염물을 제거해 나가는 것이다.

깨끗해지면 정기적으로 오염물을 닦아서 깨끗하게 유지하도록 한다. 테이블은 하루에 한 번 닦고, 청소기는 일주일에 한 번 정도 돌리는 페이스라도 괜찮다. 습관화되는 게 중요하다.

집 안에 있는 반짝이는 물건을 빛내고 집중 공간을 만들라

철저하게 오염물을 일소하기 위해서는 오염물을 제거하는 지식과 기술이 필요하다. 즉, 오염물의 성질과 세제에 관한 지식이 필요하다. 오염물을 제거하기 위해서는 중화→분해→제거의 흐름에 따라야 한다.

간단하게 설명하면 식기류 및 기름이 묻는 오염물의 성질은 산성이다. 그러므로 알칼리성 세제로 제거해야 한다. 가정에 있는 알칼리성 물질에는 소다와 비누가 있다. 반대로 물때와 비누 찌꺼기는 알칼리성이므로 산성인 구연산이나 식초로 제거해야 한다. 그 외에는 시판하는 세제의 설명을 참고하도록 하라. 좁은 틈새의 오염은 일자드라이버와 같은 도구를 사용하여 제거하면 된다.

먼지와 오염물을 기술적으로 제거할수록 공간은 집중할 수 있는 공간으로 변해간다. 머리가 맑아지고 마음이 선명해지는 공간으로 탄생하는 것이다.

오염물을 닦을 때의 또 다른 포인트는 닦으면 반짝이도록 빛나는 물건을 광을 내는 것이다. 집 안에 있는 금속류, 수도꼭지와 싱크대 주변, 화장실의 수도꼭지, 파이프류, 거울, 유리, 전자제품 등이 닦으면 빛나는 물건이다. 텔레비전의 화면도 마찬가지이다. 빛이 나는 물건을 빛나게 하면 매일 집 안이 반짝반짝 빛나는 것을 볼 수 있다.

매일 깨끗하게 반짝이며 빛나는 공간을 보면 잠재의식에 성공 에너지와 성공의 감각, 성공 이미지가 각인된다. 나아가 더 향상된 공간으로 만들고 싶은 마음이 매일 솟게 된다. 향상시키고 싶은 이 마음에서 할 일에 집중하게 만들어주는 집중력이 나오게 되며, 그 집중력으로 성과도 올리게 된다.

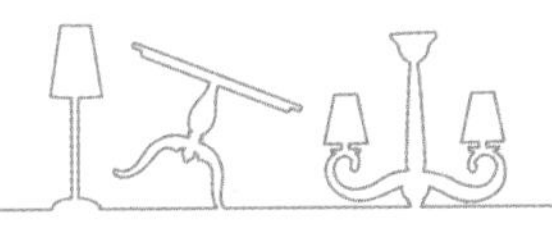

정리정돈

04

'버리기'로 소유물이 줄면 남은 물건을 수납하기 위한 정리정돈에 들어간다. 어디에, 무엇이, 얼마나 있는지를 항상 파악할 수 있도록 수납하는 것이 포인트이다. 또 자신이 앞으로 하고자 하는 목적과 할 일을 위해서 필요한 것을 바로 꺼낼 수 있도록 정리해놓는 것이 좋다.

예를 들어 요리할 때 조리 도구를 헤매지 않고 즉시 꺼낼 수 있는 상태로 수납하는 것이다. 조미료도 즉시 꺼내어 사용할 수 있도록 모든 것을 시스템화하는 것이 중요하다. 그렇게 하면 '응? 계란말

이용 프라이팬을 분명히 여기에 두었던 것 같은데' 라든가, '간장을 어디에 두었더라?'라며 시간을 낭비하는 일에서 탈출하게 된다.

모든 것이 이런 상태가 되면, 당신은 자신이 어떤 사람이 되고 싶은지를 알게 될 것이다. 그리고 목적까지 가장 빨리 도달할 수 있는 수단도 알게 될 것이다. 이것이 성공한 사람의 사고 패턴이다. 안심 공간에 사는 사람은 성공 공간을 목표로 '정리정돈' 을 실천하도록 하자.

마인드맵으로 정리정돈을 잘할 수 있다

정리정돈을 하는 좋은 방법이 있다. 마구잡이로 정리정돈을 시작하는 것이 아니라 '마인드맵' 을 이용하여 어디에 무엇을 수납할지를 정하는 것이다.

마인드맵이란 중앙에 하고 싶어 하는 큰 핵심이나 그림을 그려놓고 거기에서부터 방사형으로 관련되는 키워드나 이미지로 키워드를 확장해 나감으로써 이해를 깊게 하는 사고법이다.

여기서 소개할 마인드맵은 내가 개조한 것이다. 마인드맵에 대한 상세한 내용은 토니 부잔의 《토니 부잔의 마인드맵 두뇌사용법》(비즈니스맵)을 참고하길 바란다.

그러면 마인드맵을 그리는 방법에 관해서 설명하겠다. 한가운데에 정리할 방 이름을 써넣는다. 예를 들어 거실이라고 쓰고 선을 그은 다음에 그 공간에 있는 수납 가구를 적는다. 즉, 중앙에 적은 거실이란 글자 주변에 수납장, CD장이라고 쓴 다음에 이를 다시 거실이라는 글자와 선으로 연결하는 것이다. 그리고 각 수납 가구를 또 각각의 서랍으로 선으로 연결한 다음에 서랍 하나하나에 무엇을 수납할지를 마인드맵으로 정하면 된다.

나는 서재의 책을 정리할 때 208페이지의 그림과 같이 마인드맵의 한가운데에 먼저 '나의 서재' 라고 적었다. '나의 서재' 에서부터 선을 그려서 '책장1' 이라고 썼고, 7단 책장이므로 '책장1' 에서 다시 7개의 가지를 그렸다.

그리고 각 단에 수납하고 싶은 분야의 장르들을 써넣었다. 1단은 문학①, 2단은 문학②, 3단은 경영①, 4단은 경영②, 5단은 자기계발, 6단은 사상 및 철학, 7단은 예술이라고 마인드맵에 적었다. 그 다음에 실제로 책장에 책을 정리해서 수납하였다. 마찬가지로 '나의 서재' 에서 책상 서랍1, 책상 서랍2도 선으로 가지를 만든 다음에 설계도를 그려나갔다. 이렇게 정리정돈을 함으로써 당신의 방도 성

마인드맵을 그리면 정리정돈도 쉽다

• 당신의 방은 당신의 미래를 보여준다! •

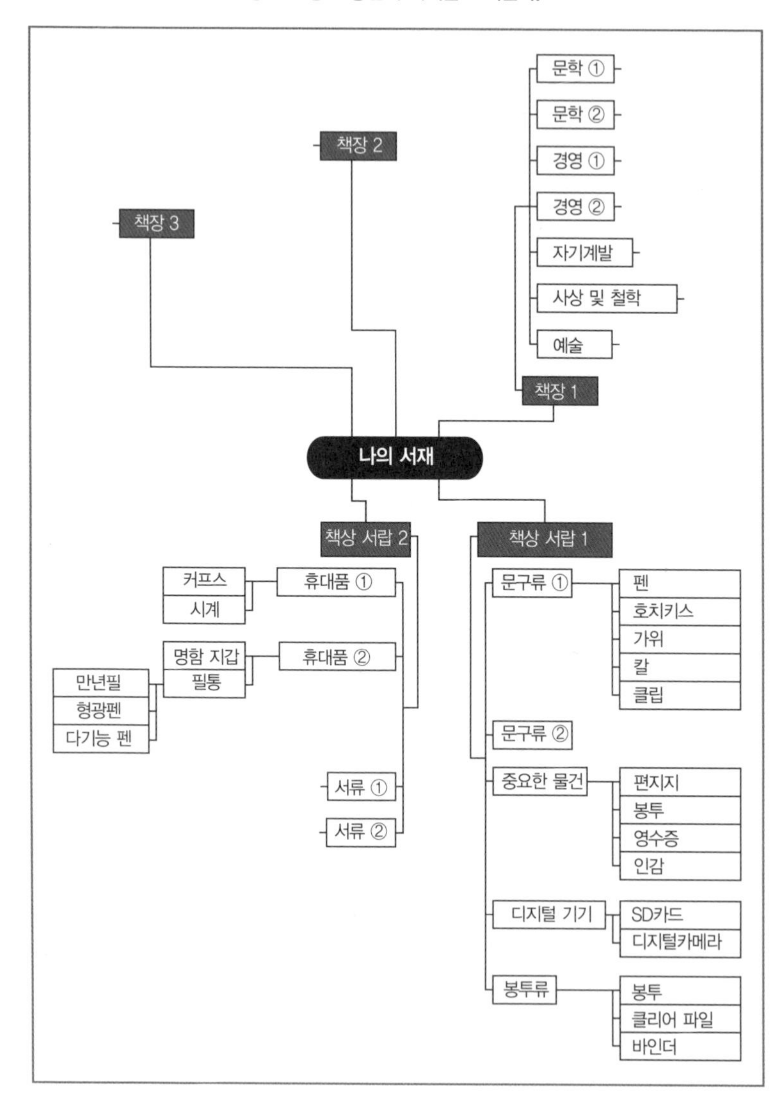

공 공간으로 레벨업 할 수 있을 것이다.

이렇게 마인드맵으로 정리하면 방에는 먼지도 없고 잡동사니도 없으며 필요한 것이 필요한 곳에 있게 된다. 모든 물건이 있어야 할 곳에 정리정돈 되어 즉시 꺼내어 사용할 수 있는 상태가 되는 것이다.

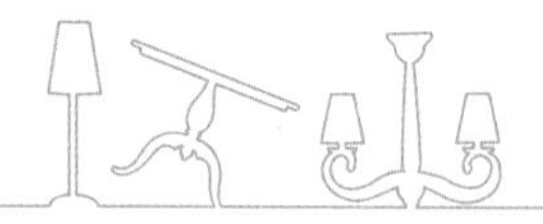

환대의 공간

05

'버리기', '닦기', '정리정돈'으로 마이너스 자장이 빠져나가 성공 공간으로 레벨업되었다면 이번에는 천사 공간을 목표로 나아가자.

천사 공간으로 레벨업 하는 것은 쉽지 않다. 평생 못하는 사람도 존재한다. 그 정도로 큰 벽이 존재한다. 그러나 자신의 성공에서 타인의 행복으로 크게 방향키를 돌리면 인생은 180도로 바뀌어 감동과 행복을 손에 넣게 된다.

타자의 행복과 성공을 생각하는 공간을 '환대의 공간'이라고 한다. 이 공간을 만들기 위해 지금까지의 인생과 성공을 재조명해봐야 한다.

지금까지의 삶과 성공은 나 혼자만의 힘으로 이룬 것이 아니다. 많은 사람의 도움과 지원이 있었기 때문에 가능했던 것이다. 이런 생각으로 감사하는 마음을 갖는 것이 중요하다.

그리고 매일 감사하는 마음으로 '버리기', '닦기', '정리정돈'을 실천해야 한다. 행운을 받아서 행복하고 감사하며 모두가 사람들 덕분이라는 마음은, 타인에게도 무언가 은혜를 갚고 싶다는 마음을 갖게 하는 것이다.

성공을 버리면 더 크게 발전할 수 있다

'성공했다' 고 생각하는 순간부터 정체는 시작된다. 또 성공한 사람이 범하기 쉬운 실수가 있는데 그것은 성공에 집착하는 것이다. 물건을 버리는 데에 그치지 않고 한 단계 레벨업 하기 위해서는 당신이 이루어낸 '성공' 을 버려야 한다. 그렇지 않으면 성공에 집착하여 변화를 추구하지 않게 된다. 자기보존에만 힘쓰면 이는 즉시 당신의 방에 나타나게 된다.

방은 정직하다. 깨닫고 보면 물건이 늘어나 있고, 집중력과 생각이 분산되며, 이것이 공간에 반영되어 공간 레벨이 떨어지기 시작한다. 성공 공간에서 안심 공간으로 내려간다. 그러므로 성공 공간에서 레벨업 하기 위해서는 자신의 성공에서 타인의 성공으로 정신적 혁신이 있어야 한다.

나는 집필한 서적이 베스트셀러가 되고 나서 '베스트셀러를 목표로 책을 쓰자' 라고 생각하였다. 책으로 성공하겠다는 생각에 집착하였다. 늘 괴로웠고 내가 점점 작아져 가는 느낌을 받았다. 점점 일이 괴롭게 느껴졌다. 고층 맨션으로 이사해서 방은 넓어졌지만 물건이 쌓여 갔다.

그때 나는 나의 방이 완전히 안심 공간으로 내려간 것을 보고 내가 성공에 사로잡혀 있다는 것을 깨달았다. 그래서 일단 '책을 쓰는 것' 을 버렸다. 고층 맨션에 산다는 사회적 지위도 버렸다. 그리고 사회 공헌 쪽으로 눈을 돌리고 지금까지 쌓아온 능력을 많은 사람에게 기부하기로 결심하였다. 많은 사람을 위해 사용되도록 자금을 변경하고 개혁해 나갔다.

그러자 중국에서도 청소력을 도입하고 싶다는 의뢰가 들어왔고, 한국과 대만에서도 청소력이 퍼져 나갔다. 자신의 성공에서 타인의 성공과 행복으로 의식을 바꿨을 때 더 크게 발전할 수 있었다.

현재도 나는 천사 공간을 목표로 분투하고 있다.

7가지 요소로 환대의 공간 만들기

'환대의 공간' 만들기를 앞두고, 사람들을 행복하게 만들고 싶고 사회에 공헌하고 싶은 마음이 들면 '무엇을 제공할 것인지'와 '어떤 기분을 주고 싶은지'에 대해서 생각하게 된다. 이 생각을 공간에 현실화할 수 있는 7가지 요소가 있다.

환영하는 마음을 공간에 현상화하는 7가지 요소

1. 빛(조명)
2. 소리
3. 색
4. 향기
5. 인테리어
6. 식물
7. 물

구체적인 테마를 설정하면 표현하기 쉽다. 우리 집의 테마는 '가족의 피로가 풀리는 도쿄 만다린오리엔탈호텔 같은 치유의 공간'이다. 그래서 조명은 교감신경을 자극하는 형광등이 아니라 백열등 및 간접 조명으로 설치하였다. 소리도 클래식 음악이나 시냇물이 흐르는 소리 같은 마음이 평온해지는 음악을 튼다. 향기는 허브, 인테리어와 컬러는 통일성 있게 만다린호텔처럼 다크브라운에 흰색과 오렌지를 사용하여 고급스러우면서도 침착한 공간으로 연출하였다. 현관에는 재빠르게 피로를 풀기 위해서 송사리를 넣은 어항과 오리엔탈한 분위기를 자아내는 대나무를 놓았다.

이처럼 사람을 대접하고자 하는 마음과 서비스 정신, 환영하는 마음은 7가지 요소로 공간에 표현할 수 있다. 이러한 마음이 공간에 표현될수록 더 높은 천사 레벨로 변해간다.

기업에서도 마찬가지이다. '손님이 있기 때문에 우리 회사가 존재하는 것이다' 라는 이념 아래 더 좋은 서비스를 제공하기 위한 공간을 이 7가지 요소로 이루어갈 수 있다. 당신이 사는 공간 레벨에 맞는 청소력을 실천하여 방의 레벨을 높이면 반드시 당신의 미래는 좋은 일들로 가득할 것이다.

맺음말

당신의 인생은 당신이 새롭게 창조할 수 있다

당신의 방은 어떤 미래를 보여주는가? 발전적인 미래인가? 아니면 실패하는 미래인가? 책을 읽은 당신은 이제 자신의 미래가 보일 것이다. 미래가 보인다면 마이너스 싹을 틔울 씨앗을 제거하면 된다. 그저 그뿐이다. 청소력으로 방을 깨끗하게 청소하는 것은 누구든지 할 수 있는 간단한 일이다.

내가 이 책을 통해 가장 전하고 싶었던 말은 '당신의 인생은 당신 자신이다'라는 것이다. 즉, 당신의 인생은 당신이 새롭게 창조할 수 있다. 나아가 당신의 인생은 당신밖에는 바꿀 수 없다. 당신의 인생은 그 누구의 것도 아니다. 부모의 것도 아니고 남편이나 아내의 것도 아니다. 아이의 것도 아니고, 하물며 점쟁이의 것도 아니다.

결혼한 지 30년이 넘은 한 여성의 집을 감정한 적이 있다. 내가 집을 돌아보는 내내 그녀는 내 뒤를 따라다니며 방에 들어설 때마다 방이 너저분한 이유를 설명하였다. "여기는 남편이 정리를 안 해서……", "여기는 남편이 관리하는 공간인데……", "여기는 남편이……." 모든 말의 주어는 남편이었다. 정확하게 방은 그 여성의 인생을 보여주고 있었다. "당신은 자신의 인생이 잘 풀리지 않는 이유를 몇십 년째 남편의 탓으로 돌리고 있군요. 하지만 그것이 당신이 정한 당신의 인생입니다." 그녀는 눈을 동그랗게 뜰 뿐 아무런 말이 없었다.

자신의 인생이고 자신이 판단한 결과로 초래한 현실인데 남의 탓을 하니까 미래가 보이지 않는 것이다. 그것은 자신의 인생을 부정하는 것이다. 부정에서는 긍정이 생길 수 없다. 따라서 희망도 생기지 않는다. 창조하는 힘을 잃어버리게 된다. 그러면 무기력해지고 파괴적이 되는데, 이것이 무질서와 더러움으로 나타난다.

그날부터 그녀는 청소력을 실천하기 시작하였다. 자신의 판단으로 물건을 버리고 오염된 공간을 닦아 나갔다. 그녀는 자기 인생을 다시 살기 시작하였다. 그러자 신기하게도 자유로운 기분이 들었고, 남편은 그런 그녀에게 마음을 열었으며, 이전보다 부부의 유대는 더욱 깊어졌다.

당신의 인생이 당신의 것이라는 것을 자각할 때 모든 것은 바뀌게 된다. 인생은 어떻게든 바뀔 수 있다는 것을 깨닫기 때문이다. 과거로도 미래로도 도망가지 않고 현재를 바꾸고자 하는 내가 태어나, '적극적인 행동으로 자신의 미래를 바꾸게 될 것이다. 당신의 인생은 당신 스스로 새롭게 창조할 수 있다. 바로 이것이 내가 당신에게 전하고 싶었던 말이다.

청소력으로 세계 평화를 꿈꾸다

5장에서도 말했듯이 나는 내 저서가 연속해서 베스트셀러가 된 후에 책을 쓰는 것을 버렸다. 몸 상태가 나빠진 것도 큰 이유였다. 이때는 도쿄에서 살고 있었다. 나는 아내에게 모든 것을 버리고 홋카이도로 이사하겠다고 말하였다. 갑작스러운 나의 판단을 아내는 받아들여 주었다. 나는 그런 아내에게 무척 감사한다.

건강이 회복된 뒤 2010년부터 다시 방을 통해 미래를 감정하는 세미나를 개최하였다. 그때 새로운 동료를 만날 수 있었고, 그 동료로 인해 나는 과거의 내가 오만했다는 것을 깨닫게 되었다. 모든 것을 혼자서 하려는 내 자신을 발견하게 된 것이다. 그 뒤 동료와 함께 2011년부터 본격적으로 청소력 지도자 제도를 만들고 전국적으로 청소력을 널리 알리기 시작하였다.

현재 청소력이 전파된 곳은 일본뿐만이 아니다. 세계 각국에서 청소력을 실천하고 있다는 메일을 받고 있다. 한국에서도 세미나를 개최하고 있는데 같은 현상이 일어나고 있다. 중국에서도 2010년에 신간 7권이 출간되었다. 중국에서 강연했을 때는 젊은 여성이 "우울증이 있었는데 청소력을 실천하면서 삶의 보람을 느끼게 됐어요"라고 눈물을 흘리며 말해주었다.

중국에도 자살하는 사람이 급증하고 있다. 중국은 정치적으로 여러 가지가 복잡한데 청소력을 알게 되면 반드시 인민 한 사람 한 사람이 달라질 것으로 생각한다. 그러면 나라도 바뀔 것이다. 세계를 리드하는 경제 대국으로서 세계 각국과 협조하며 발전해 나갈 길이 보이게 될 것이다. 그래서 중국에서도 청소력을 알리고 있는 것이다.

이번에 이 책처럼 일본 선마크 출판사에서 문고판으로《꿈을 이루는 청소력》이 출간되었다. 이 책은 2005년에 저술한 나의 처녀작이다. 이 책의 마지막 장에 썼던 나의 꿈은 지금도 바뀌지 않았다. 오히려 시간이 지날수록 그 생각이 더욱 강해지고 있다.

나의 꿈은 전 세계 사람들과 다 같이 지구를 청소하는 것이다. 그리고 '세계 청소력 데이'를 만드는 것이다. 그날을 휴일로 정해 정치 문제, 인종 문제, 그 밖의 여러 가지 문제를 감사하는 마음으로 청소하는 것이다. 그러면 지구도 틀림없이 반짝이며 빛날 것이다.

상상해보라. 각국 정상이 모여 윗옷을 벗고 팔을 걷어붙이고 일제히 청소를 하는 것이다. "지구여, 우리를 이곳에 살게 해주어서 감사합니다"라는 마음으로 닦으면 땀 흘린 보람도 있고 사람들의 웃음도 빛날 것이다.

틀림없이 마음이 서로 통할 것이고 외교도 잘 풀릴 것이다. 그리고 뒤풀이에서는 어떻게 하면 지구를 더 깨끗이 하고 반짝이게 할 수 있을지에 대해 함께 이야기를 주고받는 것이다.

현시점에서는 내 꿈이 무모할지도 모른다. 현실적으로 무리가 있을지도 모른다. 그렇다면 현실을 바꾸면 된다. 그럼 어디서부터 바꿔야 할까? 그건 바로 내 방에서부터이다. 그 꿈을 위해 오늘도 나는 걸레를 빨아 짜는 것에서부터 한 걸음 한 걸음 나아가려고 한다. 청소력으로 세계 평화를 이루이기 위해서.

본서를 집필하는 데 있어서 취재 협력을 해준 청소력 강사님들, 언제나 집필을 도와주는 아내, 쾌적한 공간에서 아이들을 보살펴 주시는 마사코 씨, 감사합니다.

그리고 아빠와 엄마를 항상 응원해주는 우리 미유하고 아이리에게 고마운 마음을 전한다. 내가 야근하러 사무실에 나갈 때마다 현관까지 나와서 아빠가 보이지 않을 때까지 손을 흔들어주는 두 살이 된 미츠키에게도 고마움을 전한다.

그리고 첫 번째 청소력 책을 세상에 내보내준 카네코 나오미 편집자님과 다시금 함께 일할 수 있어서 행복했습니다. 진심으로 감사드립니다.

마지막으로 본서의 내용 일부를 담은 강연 DVD가 일본 최대의 대여 가맹점 TSUTAYA 비즈니스 칼리지에서 2011년 2월 9일부터 호평 속에 대여 중입니다. 상세한 내용은 '츠타야 비즈니스 칼리지'로 검색하거나 홈페이지 http://www.tsutaya-college.jp를 참조해주세요. 본서와 함께 보면 더욱 깊이 이해할 수 있을 것입니다. 관심이 있으신 분은 DVD도 함께 활용해주시길 바랍니다.

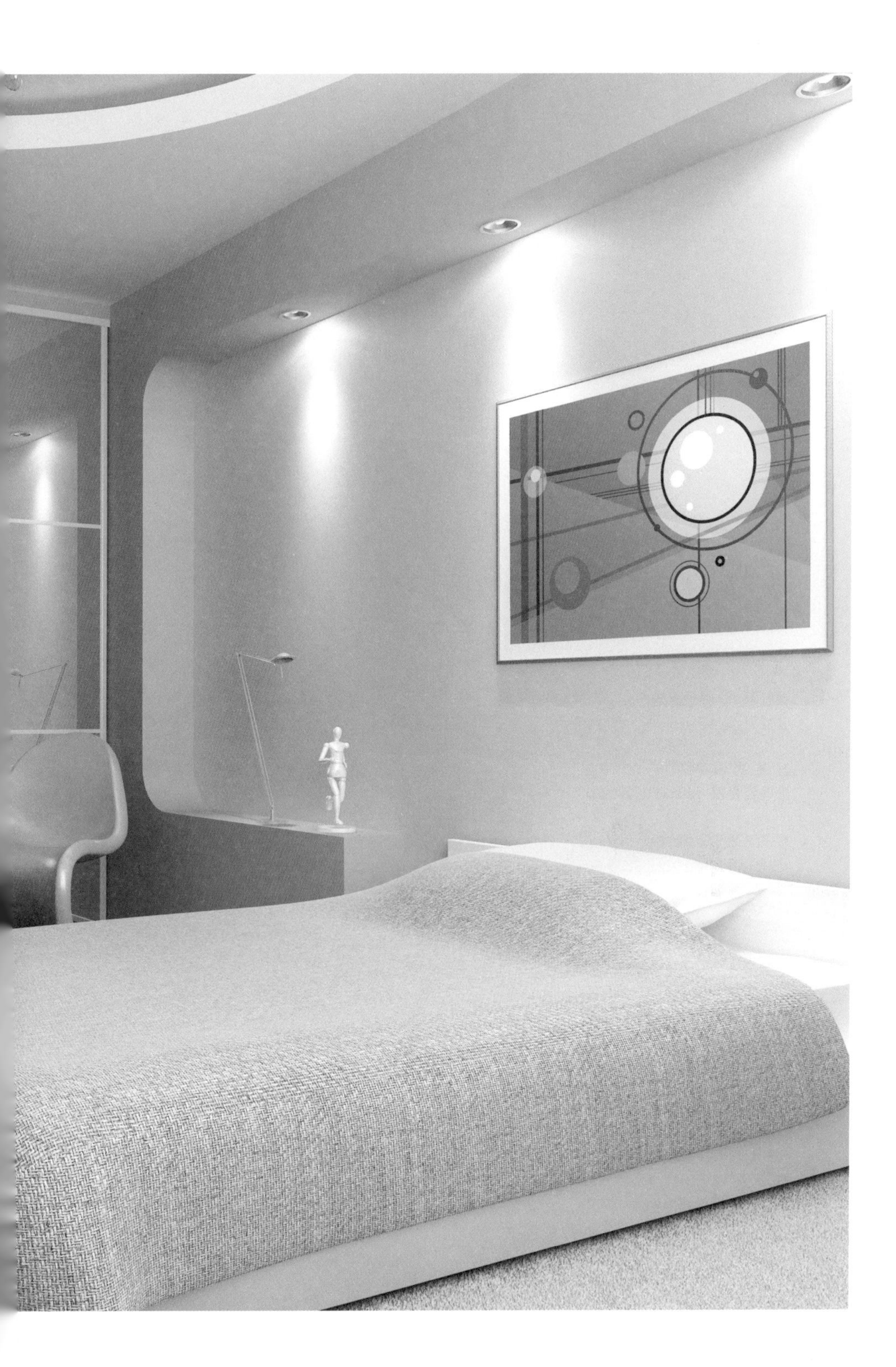

부와 행운을 끌어당기는

방정리 기술

지은이 마스다 미츠히로
옮긴이 김진희

발행처 도서출판 평단
발행인 최석두

등 록 번 호 제2015－00132호
등록연월일 1988년 07월 06일

초 판 1쇄 발행 2016년 03월 08일
제2판 1쇄 발행 2021년 03월 30일
제2판 4쇄 발행 2023년 08월 17일

주 소 (10594) 경기도 고양시 덕양구 통일로 140 삼송테크노밸리 A351
전화번호 (02) 325－8144(代)
팩스번호 (02) 325－8143
이 메 일 pyongdan@daum.net

ISBN 978-89-7343-530-2 (13590)